高职高专计算机"十二五"规划教材

Maya三维建模教程

朱伟华　李雪冰　陈　巍　主编

关文昊　蔡　岩　崔雪峰　孙　弢　副主编

U0316513

中国铁道出版社
CHINA RAILWAY PUBLISHING HOUSE

内 容 简 介

本书注重实践和教学，其重点不在于全面讲解海量的操作命令，而是直接建立项目，手把手教会读者如何完成工作任务。书中以应用成品的品质为标准，结合学习者当前的技能程度进行项目案例设置，并以直观的方式，由浅入深地讲解动画中模型的制作过程，有助于读者熟悉整个项目的制作。

书中内容分为 5 章：第 1 章介绍 Maya 软件的应用概况及相关软件和插件；第 2 章介绍 Maya 软件的常规操作技巧；第 3 章介绍 NURBS 曲面建模技术及其常用工具；第 4 章介绍 Polygon 多边形建模技术，包括 Polygon 常用工具学习、动画场景建模、卡通人物及服饰道具建模；第 5 章介绍写实类人物建模、半兽人模型建模等内容。全书所选案例涵盖 Maya 软件常用的两种建模方式，并由基础制作到高级制作逐步深化学习。

本书适合作为学习 Maya 的初、中级读者的参考用书，也可作为业内同行的参考资料和高职高专相关专业的教材或者培训用书。

图书在版编目（CIP）数据

Maya三维建模教程 / 朱伟华，李雪冰，陈巍主编. — 北京：中国铁道出版社，2014.12
高职高专计算机"十二五"规划教材
ISBN 978-7-113-19839-8

Ⅰ. ①M⋯ Ⅱ. ①朱⋯②李⋯③陈⋯ Ⅲ. ①三维动画软件—高等职业教育—教材 Ⅳ. ①TP391.41

中国版本图书馆CIP数据核字(2014)第309759号

书　　名：Maya 三维建模教程	
作　　者：朱伟华　李雪冰　陈　巍　主编	
策　　划：滕　云	读者热线：400-668-0820
责任编辑：周　欣　包　宁	
编辑助理：刘丽丽	
封面设计：刘　颖	
封面制作：白　雪	
封任校对：汤淑梅	
责任印制：李　佳	

出版发行：中国铁道出版社（100054，北京市西城区右安门西街 8 号）
网　　址：http://www.51eds.com
印　　刷：北京铭成印刷有限公司
版　　次：2014 年 12 月第 1 版　　2014 年 12 月第 1 次印刷
开　　本：787 mm×1 092 mm　1/16　印张：11.5　字数：220 千
书　　号：ISBN 978-7-113-19839-8
定　　价：39.80 元

FOREWORD　前　言

　　Maya作为目前应用范围广泛的动画软件，不仅拥有强大的材质编辑能力、最先进的动画及特效技术，而且，其灵活多效的模型制作能力，能使动画片产生各类梦幻般的效果。由于功能强大，工作灵活，制作效率及品质极高，Maya已经成为目前市场上影视动画、游戏制作的首选工具。

　　模型建模工作是整部动画制作工作流程中非常关键的环节，是动画品质高低的重要判断依据之一，对于塑造动画的真实性起到了至关重要的作用。对于建模工作感兴趣的读者，未来可在游戏公司、动画公司、广告公司、影视公司等动画制作部门从事场景模型制作、人物模型制作、游戏模型制作等方面的工作。相应的工作任务及职业要求如下：

　　●精通Maya、3ds Max、ZBrush、Photoshop等设计软件。

　　●以Maya为制作平台，掌握动画片项目中角色、场景、道具等的建模技巧。具备良好的设计判别能力，既可以制作电影级别的高精度模型，也可以制作游戏级别的高简模型。

　　●有良好的美术基础，良好的艺术感受和创作能力。对形状、结构和轮廓有敏锐的观察力及理解力。

　　●有较强的创意能力，有独立完成作品的能力。

　　●善于沟通，有团队合作精神，有较强的责任心，能够承受工作压力。

　　●虚心好学、思路清晰、独立性强，具备良好的沟通协调能力以及较强的团队合作精神。

　　本书针对高职高专学生自身的特点，以应用型职业岗位需求为中心，以学生能力培养、技能实训为本位，力求将实际工作内容与教材内容有机结合。全书通过真实动画项目导入，针对Maya 2012软件中有关Maya软件常规建模技术进行专业精讲，全面介绍了三维动画中模型制作的基本知识。讲解理论知识，注重分析问题与解决问题能力的培养和提高，使读者能够深入地了解Maya软件多种建模技术的应用以及相关知识的整合。全书主要内容包括：Maya软件概述、Maya软件常规操作技巧、NURBS建模技术、Polygon建模技术，并介绍了写实类任务及半兽人模型建模。教材以逐步深化、逐级提高为原则，设置了从初级、中级到高级的不同层次的项目。

　　在教材编写的过程中，力求"应用为目的，必需、够用为度"，突出创新意识，强调动手能力。本书整合了Maya软件建模领域的基本内容，涵盖了建模的基本理论、方法和训练的步骤，以真实案例为依托，以项目化实施的形式编写教材内容，使读者更容易从整体上把握所学内容。书中所涉及的经验、技巧也是我们在实践和教学过程中不断积累的成果，希望能给读者以启发和帮助。本书适合高职高专学生及其他喜欢动画的初、中级读者学习使用。

　　本书由吉林电子信息职业技术学院具有多年Maya教学经验的教师编写。由朱伟华、李雪冰、陈巍任主编，关文昊、蔡岩、崔雪峰、孙弢任副主编，邓威、关欣、潘谈、郑茵、党红参与了部分章节的编写、校对和整理工作。主要编写人员分工如下：第1、2章由李雪冰、关文昊、孙弢编写；第3、5章由朱伟华、关文昊编写；第4章由蔡岩、陈巍、崔雪峰编写。

本书的整体课时分配：

章 节	内 容	建 议 课 时	授 课 类 型
第1章	Maya软件概述	4课时	讲授
第2章	Maya软件基础	8课时	讲授、实训
第3章	Maya NURBS建模技术	36课时	讲授、实训
第4章	Maya多边形建模技术	36课时	讲授、实训
第5章	写实类模型高级建模技术	28课时	讲授、实训
共 计		112课时	

本书在编写的过程中，参考了大量的图书资料和图片资料，在此表示衷心的感谢。由于Maya软件的功能强大、操作复杂，与之配合的软件种类繁多，再加上编写时间仓促，书中难免有疏漏之处，敬请广大读者和同仁批评指正。

编 者

2014年10月

目　录

Contents

第1章

Maya软件概述

 **内容介绍** 本章介绍 Maya 软件历史及现状、Maya 的应用领域，以及与建模相关的软件 ZBrush 和同类型软件 3ds Max。

学习目标 学习并了解软件历史，了解 Polygon 多边形建模技术、NURBS 曲面建模技术、Subdiv Surfaces 细分面建模，以及软件相互配合使用的原理。

学习建议 了解软件发展历史，能够很好地分析软件发展方向，有助于更好地运用软件制作模型动画。

建议学时 4 学时。

1.1.1 软件历史及现状

Maya是美国Autodesk公司出品的世界顶级的三维动画软件，Maya可以帮助用户创建和编辑多种格式的三维模型，应用对象是专业的影视广告、角色动画、电影特技等。Maya功能完善，工作灵活，制作效率极高，渲染真实感极强，是业内主流高端的三维制作软件。另外，Maya也被广泛应用到平面设计（二维设计）领域。Maya软件因强大功能得到动画设计师、广告设计师、影视制片人、游戏开发者、视觉艺术设计专家、网站开发人员们的大力推崇。

自进入21世纪以来，Maya软件在中国拥有越来越多的用户。当前几乎所有的动画公司、影视公司、游戏开发公司、栏目包装公司都使用Maya软件来工作。从最早的Alias/Wavefront公司到Alias公司，再到2005年10月Alias被Autodesk公司收购，伴随着这一历程，Maya软件也通过版本的不断更新经历了一次次的蜕变和升华。每一次版本的升级都给这个功能强大的软件带来新的血液，使其更富有生机。

Maya可以在Microsoft Windows、Linux、Apple Mac OS这3种不同的操作平台上运行。Maya 2012的界面如图1-1所示。

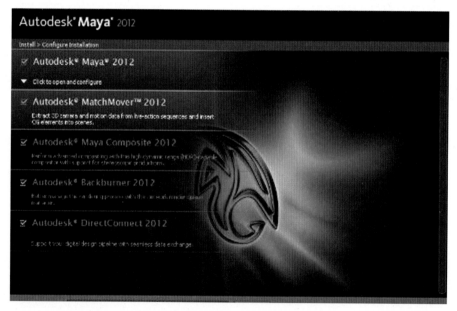

图1-1　Maya 2012界面

1.1.2 软件应用领域

1. 动画制作领域

在动画制作公司中，Maya软件被广泛运用到场景模型制作、人物模型制作、动作绑定、材质纹理绘制、特效制作等方面。目前市场上用来进行数字和三维制作的工具中，Maya 是首选解决方案。

2. 游戏制作领域

游戏公司在游戏制作流程中广泛使用Maya，Maya软件强大的工具包可以让游戏制作公司更方便地制作层级物体、角色造型和纹理，无论是制作还是管理庞大的动画文件，在Maya中都可以轻松完成。

3. 可视化设计领域

Maya是一款制作三维特效、动画并提供高质量渲染的综合化软件，产品设计师、图形艺术家、可视化设计专业人员和工程师都可以从中受益，他们可以将Maya与其他的制作软件，例如Photoshop、Illustrator、AutoCAD等配合使用，使可视化工作更便捷高效。

4. 电影领域

Maya是电影艺术家的首选工具，近年来使用Maya制作的影视大片成为电影制作的主流，例如《飞屋环游记》《地狱男爵》《指环王》等影片都得到了广泛的好评。

| 1.2 | 建模技术

Maya建模主要有3种模式，分别是Polygon（多边形）建模、NURBS（曲面）建模以及Subdiv Surfaces（细分面）建模。

1. Polygon建模

Polygon建模原理是利用三角形面或四边形面的规律性拼接构成模型。多边形建模通过合理的拓扑结构、可自由地创建出各种造型，不但是制作场景模型的首选，更擅长人物模型、生物模型等较复杂类模型的制作。

Polygon建模是一种常见的建模方式。首先使一个对象转化为可编辑的多边形对象，然后通过对该多边形对象的各种子对象进行编辑和修改来实现建模过程。可编辑多边形对象包含了Vertex（节点）、Edge（边界）、Border（边界环）、Polygon（多边形面）、Element（元素）5种子对象模式，与可编辑网格相比，可编辑多边形显示了更强的优越性，即多边形对象的面不只可以是三角形面和四边形面，而且可以是具有任意个节点的多边形面。

Polygon建模早期主要用于游戏，现在已被广泛应用（包括电影），现已成为在CG（Computer Graphics）行业中与NURBS并驾齐驱的建模方式。在电影《最终幻想》中，多边形建模完全把握住了复杂的角色结构，以及解决后续的相关问题。

多边形从技术角度来讲比较容易掌握，在创建复杂表面时，细节部分可以任意加线，在结构穿插关系很复杂的模型中就能体现出它的优势。另一方面，它不如NURBS有固定的UV，在贴图工作中需要对UV进行手动编辑，防止重叠、拉伸纹理。

2. NURBS 建模

NURBS（Non-Uniform Rational B-Spline，非均匀有理B样条曲线）是样条或曲线的数字描述。在NURBS建模中可以精确地绘制和编辑曲线，能够利用较少的点做出光滑的曲面，同时由于NURBS建模是利用数学函数来定义曲线和曲面，因此可以在不改变外形的前提下自由控制曲面的精细程度。在实践应用中，通常采用NURBS建模技术制作汽车、手表等机械类工业造型。

NURBS曲线和NURBS曲面在传统的制图领域是不存在的，是为使用计算机进行3D建模而专门建立的。在3D建模的内部空间用曲线和曲面来表现轮廓和外形。它们是用数学表达式构建的。

3. Subdiv Surfaces建模

这种建模方式兼有多边形建模和曲面建模的特点，既可以像多边形建模一样自由拓扑造型，也可以像曲面建模那样用较少的点制作出圆滑曲面。但不足之处是数据量较大，绑定后的操作速度也比较慢，所以运用程度没有Polygon建模、NURBS建模普及，多用来制作一些造型不太烦琐的卡通角色。

Maya各功能模块都有许多的菜单命令，初学者最开始接触时往往都会在这些数量庞大的工具命令前手足无措。弄清每一个命令的具体功能需要耗费大量的时间和精力。其实在实际应用中，只有一部分核心工具是高频率出现的。初学者应将学习的重点放在学好这部分工具上。

学习建模除了要掌握一定的软件运用技术，清晰的制作思路是非常重要的。选择什么样的制作方法去制作不同的模型，选择什么样的建模技术更适合模型制作，是先做局部再整合成整体模型，还是先从整体着手，然后一步步制作出模型细节？在作品创作过程中，这样的思考应该贯穿整个制作过程。这对快速提高自身的水平有着非常大的帮助。

模型能够最后呈现出完美的效果，不仅仅是单纯的软件熟练使用就可以做到，对造型有关的配套知识也非常重要。例如，角色模型是需要将角色设定的形象利用三维软件制作出三维模型。它要求模型制作者了解一定的人体解剖知识，如骨骼的构建、肌肉结构、五官的分布原理等。并且为了保证模型的正常使用，也要使相应模型制作面数在原创和项目限制中寻求平衡，达到模型所需的精度。由于建好的模型通常是为制作动画使用，了解动画制作基本原理也有利于使模型的布线更合理。

学习Maya建模的最佳途径就是多练习。在掌握相应理论知识的基础上，大量的实践练习是提高制作水平的有效保证。造型能力的训练是个长期的过程，量的积累才能达到质的飞跃。对于Maya的学习而言，兴趣是最好的老师。初学者应根据自身情况选择合适的案例项目进行学习和练习，循序渐进，根据难易程度和知识的继承性进行递进式的安排。对于英文程度一般的用户，Maya 2013版本已经推出了中文版，虽然它对中文的支持并不完善，但清晰的界面可以使用户快速了解每个指令的功能和参数调节，不失为一个良好的选择。

熟练使用Maya中默认设置的快捷键可以极大地提高制作效率，Maya提供了数百个快捷键/快捷图标，使用者也可根据自身需要，设定个性化的快捷键/快捷图标。

|1.3| 相关软件及插件

1.3.1 ZBrush

ZBrush是一个数字雕刻和绘画软件，作为一款新型的CG软件，它以强大的功能和直观的工作流程彻底改变了整个三维设计行业。ZBrush软件是世界上第一个让艺术家感到无约束自由创作的3D设计工具。它的出现完全颠覆了过去传统三维设计工具的工作模式，解放了艺术家们的双手和思维，告别过去那种依靠鼠标和参数笨拙创作的模式，完全尊重设计师的创作灵感和传统工作习惯。ZBrush不但可以轻松塑造出各种数字生物的造型和肌理，还可以把这些复杂的细节导出成法线贴图和展好UV的低分辨率模型。这些法线贴图和低分辨率模型可以被所有的大型三维软件（Maya、3ds Max、Softimage Xsi、Lightwave等）识别和应用，成为专业动画制作领域中最重要的建模材质辅助工具。

在建模方面，ZBrush可以说是一个极其高效的建模器。它进行了相当大的优化编码改革，并与一套独特的建模流程相结合，可以制作出令人惊讶的复杂模型。无论是中级品质还是高分辨率的模型，任何雕刻动作都可以瞬间得到回应。还可以实时进行渲染和着色。对于绘制操作，ZBrush增加了新的范围尺度，可以让基于像素的作品增加深度、材质、光照和复杂精密的渲染特效。ZBrush徽标如图1-2所示。

图1-2　ZBrush徽标

1.3.2　3ds Max

3D Studio Max，常简称为3ds Max或MAX，是Discreet公司（后被Autodesk公司合并）开发的基于PC系统的三维动画渲染和制作软件。其前身是基于DOS操作系统的3D Studio系列软件。在Windows NT出现以前，工业级的CG制作被SGI图形工作站所垄断。3D Studio Max + Windows NT组合的出现一下子降低了CG制作的门槛，首先开始运用在电脑游戏中的动画制作，之后更进一步开始参与影片片的特效制作。在Discreet 3ds Max 7后，正式更名为Autodesk 3ds Max，最新版本是3ds Max 2015。

3ds Max与Maya同属于Autodesk公司，其具有强大、完美的三维建模功能。它是当今世界上最流行的三维建模、动画制作及渲染软件，也是国内拥有最多用户的三维制作软件。3ds Max被广泛用于角色动画、室内效果图、游戏开发、虚拟现实等领域，获奖无数，深受广大用户的欢迎。

3ds Max有非常好的性能价格比，它使作品的制作成本大大降低，而且它对硬件系统的要求相对来说也很低，并且相对Maya来说，3ds Max简单、易上手。3ds Max徽标如图1-3所示。

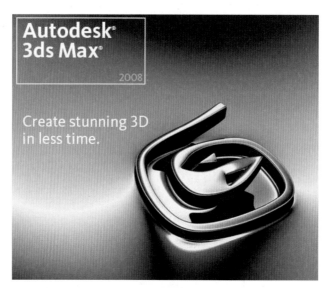

图1-3 3ds Max徽标

1.3.3 软件之间的配合使用

　　无论是将从Maya里制作的项目导入3ds Max或者ZBrush中，还是将3ds Max的项目文件导入到Maya里，操作过程并不复杂。只要导出文件时，将文件类型改为OBJ格式，就可以在这3种软件中互相导入/导出，互相编辑。

　　需要注意的是，由于3ds Max场景中的比例和Maya场景比例不一致，导入之前要相应地将场景文件比例缩小，才不会出现同一文件在不同软件中大小不一的现象。

　　由于模型的实际情况不同，所以不同软件之间的文件互导也会存在一些瑕疵，这就要求用户在实际工作中不断总结经验，寻求更好的解决办法。

第2章

Maya软件基础

 内容介绍 本章主要讲解了 Maya 软件的界面构成、视图操作、显示方式、对象的基本操作、文件管理和常用的窗口操作等基础知识，是在进行建模技术讲解之前必备的基础理论知识。

学习目标 掌握 Maya 的界面元素；掌握 Maya 的视图布局方式和视图操作方法；掌握各种变化工具的使用技巧；掌握 Maya 创建工程及编辑工程目录的方法。

学习建议 （1）刚开始接触 Maya 的读者，面对 Maya 强大繁杂的界面通常感到手足无措。虽然 Maya 包含的内容非常多，但它人性化地将各类内容归纳到了相应的模块之内，例如多边形模块、渲染模块、动画模块等。初学者只需根据学习内容选择模块内容就可进行分类学习。

（2）对初学者来说，选择适合自己的教材非常重要，教材应该既包括全面系统的知识体系介绍，也包括具体知识点的实例详解。在案例选择上应根据难易程度和知识的继承性进行递进的安排，这样的教材才有利于初学者学习。在有了一定基础后，建议通过网上实例进行单一方面技术的提高。

（3）英语能力一般的初学者，可使用 Maya 中文界面的软件，虽然它对中文的支持并不完善，但可以使读者快速了解每个指令的功能和具体参数调整，能够大幅提高学习效率。

（4）Maya 的菜单命令非常多，要弄清每个命令和工具的具体功能和原理是非常耗费时间的，同时对初学者来说也是不必要的。通常在实际工作中，只有部分核心的工具是高频次出现的，读者只需熟练掌握这些命令和工具即可。

建议学时 8 学时。

Maya软件的工作界面基本是由菜单栏、状态栏、工具架、工具箱、工作区、通道栏、层编辑器、动画控制区、命令与帮助栏等几大部分构成，如图2-1所示。

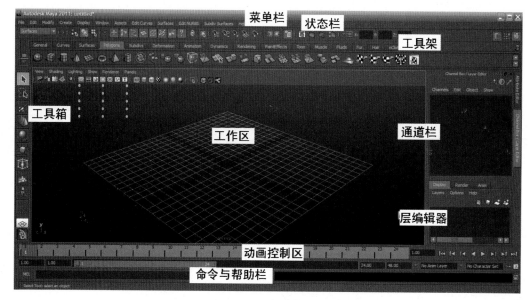

图2-1　Maya工作界面

选择Display→UI Elements（显示→UT要素）命令，可看到所有和界面有关的设置，可用来关闭或开启相应的窗口，如图2-2所示。

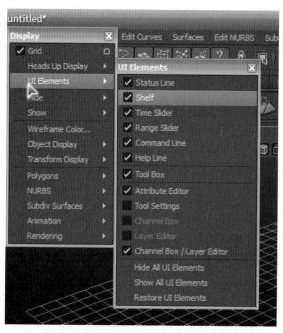

图2-2　界面修改

1. 菜单栏

Maya的菜单栏主要分为两部分，一部分是固定菜单，另一部分是根据Maya的不同模块分别设置的相应菜单，单击菜单栏左下方的下拉按钮可选择不同的模块，如图2-3所示。

选择模块不同，相应的菜单也会根据选择的模块发生改变

图2-3　菜单栏

固定菜单包括了常用的File（文件）、Edit（编辑）、Modify（修改）、Create（创建）、Display（显示）、Window（窗口）和Help（帮助）。

● File菜单中包括了新建、打开、存储等对文件进行操作的常用命令。

● Edit菜单中包括了复制、粘贴、删除、选择、编组等基本的编辑命令。

● Modify菜单中包括了位移编辑、属性编辑、物体转换等命令。

● Create菜单中包括了建立各种物体的命令。

● Display菜单中包括了控制视图和场景中各种元素显示的命令。

● 快捷键【F2】可调出Animation模块，该模块集中了Maya所有设置动画的命令。

● 快捷键【F3】可调出Polygon模块，该模块集中了创建和编辑修改Polygon模型的命令。

● 快捷键【F4】可调出Surface模块，该模块集中了创建和编辑修改NURBS模型和细分表面模型的命令。

● 快捷键【F5】可调出Dynamic模块，该模块集中了Maya中所有物理学运算和仿真的命令。

● 快捷键【F6】可调出Rendering模块，该模块集中了渲染、输出及毛发设置的命令。

2. 状态栏

状态栏里有一些比较常用的命令，如功能模块的切换、打开、新建、存储场景、各种捕捉模式、渲染及其设置等。其中最重要的部分是物体及其元素选择图标，这些快捷图标可以方便地选择以提高工作效率，如图2-4所示。

图2-4　状态栏

3. 工具架

Maya把各个模块的主要命令以快捷图标的形式有序地放置在工具架中，如图2-5所示，可通过直接单击这些图标来执行这些命令，还可以依据个人的工作习惯来自定义工具架。

图2-5　工具架

4. 工作区

常规工作区包括透视图、顶视图、前视图、侧视图等多角度的视图窗口，是Maya工作的主要区域，如图2-6所示。每个视图的上方都有相应的视图菜单和快捷图标，可依据需要来选择显示的模式。

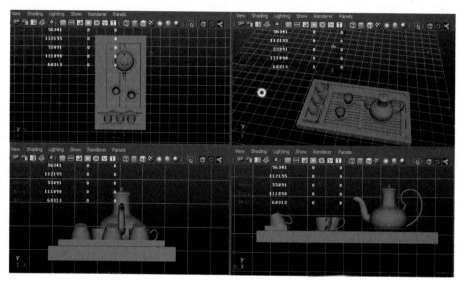

图2-6　工作区

5. 工具箱

工具箱包括选择、移动、旋转、缩放等基础操作工具，通常利用快捷键的切换来完成这些工具的选择和使用。

快捷键【Q】：选择工具。

快捷键【W】：移动工具。

快捷键【E】：旋转工具。

快捷键【R】：缩放工具。

6. 动画控制区

动画控制区由Time Slider（时间滑块）、Ranger Slider（时间范围滑块）、动画控制播放器构成，是控制动画播放和设置动画帧数的区域，如图2-7所示。

图2-7　动画控制区

7. 命令与帮助栏

左侧命令行主要用于输入文字的脚本编辑命令，右侧的黑色区域是反馈行，反馈行所显示的信息对操作具有指导作用。如果出现错误无法执行，反馈信息将用红色字体给予提醒。帮助栏是向用户提供信息帮助，对光标的位置进行简单的说明，如图2-8所示。

图2-8　命令与帮助栏

8. 通道栏

通道栏用来设置所选物体的常用属性，如位移、旋转、缩放等基本参数。可在文本框中输入数值，也可单击英文后按住鼠标中键在工作区域推拉鼠标来改变数值的大小，如图2-9所示。

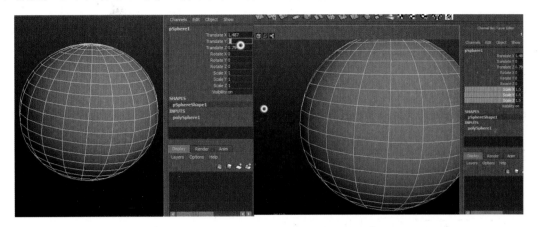

数值输入 　　　　　　　　　　　　　　　　　用鼠标中键来操控数值变化

图2-9　属性通道栏

9. 层编辑器

层编辑器分为显示、渲染、动画三种模式。用户可通过把物体置于不同的层中使操作更优化。如图2-10所示，其中左边的"V"代表可视；去掉"V"代表隐藏该层物体；中间的"T"代表该层物体处于不可编辑的线框显示模式；中间的"R"代表该层物体处于不可编辑的实体框显示模式。

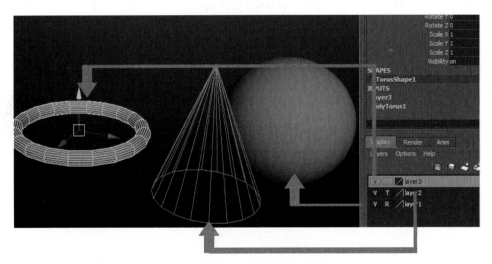

图2-10　层编辑器

> 📁 **要点提示**
>
> 　　场景中模型过多，会影响操作的速度和选择准确度。通常这种情况会将暂不需要编辑的物体放置到图层中，选择隐藏或者只显示不编辑状态。

2.2.1 视图的切换

Maya中视图的切换有很多种方式。

（1）在工具栏下方的视图选择区中通过单击切换视图的显示组合，如图2-11所示。

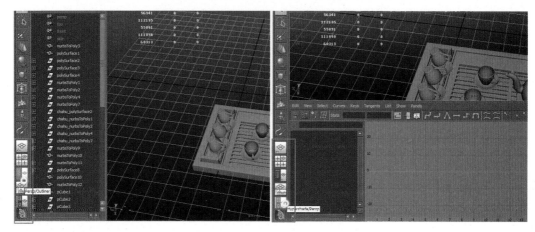

图2-11　视图切换

（2）在视图中若想最大化某一视图，可将鼠标滑动到该视图后，按空格键。再次按空格键则返回最初状态。

（3）在视图中长按空格键并单击，在弹出的热盒（Hotbox）中可进行视图的选择，如图2-12所示。

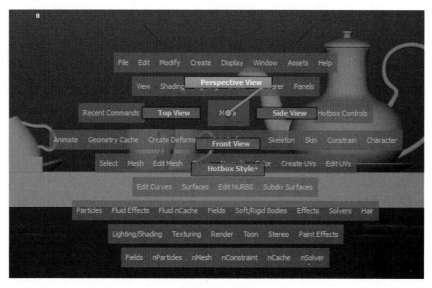

图2-12　热盒

Maya三维建模教程

2.2.2　视图的控制

Maya视图的操作非常人性化，通过【Alt】键+鼠标左键、中键、右键，分别可以在工作区进行旋转视图、平移视图、缩放视图和边界框推移视图等操作。

【Alt+鼠标左键】：在工作区内对视图进行翻转和旋转操作。

【Alt+鼠标中键】：在工作区内对视图进行平移和跟踪。

【Alt+鼠标右键】：在工作区内对视图进行推移和缩放。

【Ctrl+Alt+鼠标左键】：可在工作区内将框选到的区域进行推拉。

在视图内选中物体后，按快捷键【F】，可以在当前视图中最大化显示选择的对象。

> **要点提示**
>
> （1）【Alt+鼠标右键】等同于滑动鼠标滚轮，均可实现推移和缩放视图的效果。
>
> （2）在工作区内对视图进行平移、旋转、推拉操作，按键盘上的【<】和【>】键，可返回到上一个摄像机视角，或再到下一个摄像机视角。

2.2.3　视图的显示

1. 视图背景颜色的修改

Maya中可自定义视图的背景颜色，选择Window→Setting and Preferences→Color Settings（窗口→设置和属性→颜色设置）命令，在弹出的对话框中，打开3D Views（3D视图）进行颜色修改，如图2-13所示。

图2-13　背景颜色设置

2. 显示渲染范围

选中视窗后，选择View→Camera Settings（视图→摄像机设置）命令可以在摄像机视图中控制显示方式，如图2-14所示。

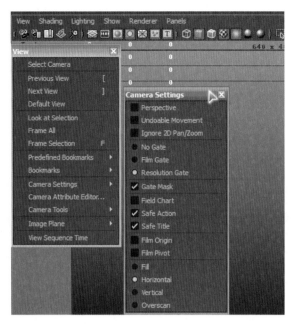

图2-14　渲染范围

Film Gate（显示底片指示器）：显示为一个长方形，是摄像机视图被渲染的区域。

Field Chart（动画规格板）：显示为一个网格，为12个标准单位动画视场的尺寸。

Resolution Gate（显示分辨率）：渲染分辨率的数值会显示在分辨率指示器上。

Safe Action（显示安全框）：如渲染后的影像在电视中播放，用于限制场景中的动作保持在安全区域内，区域为渲染分辨率的90%。

Safe Title（显示标题安全框）：用以限制场景中的文本都保持在安全区域中，区域为渲染分辨率的80%。

2.2.4　物体的显示模式

为方便对场景进行操作，Maya可将场景中的模型用不同模式显示，如图2-15所示。对应的快捷键如下：

数字键【1】：低质量显示。

数字键【2】：中等质量显示。

数字键【3】：高质量显示。

数字键【4】：线框模式显示。

数字键【5】：实体模式显示。

数字键【6】：材质模式显示。

数字键【7】：灯光模式显示。

> **要点提示**
>
> 物体的显示模式，主要是设置场景中模型的显示质量，与模型的真实光滑程度无关。

低质量显示　　　　中等质量显示　　　　高质量显示

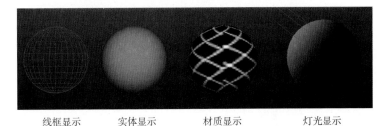

线框显示　　　　实体显示　　　　材质显示　　　　灯光显示

图2-15　显示模式

2.3 | 物体基础操作

2.3.1　物体轴心点的修改

　　Maya中默认物体的轴心点在物体的重心，实际操作中根据制作需要，通常需要修改物体的轴心点位置。利用移动工具选择物体后，按【Insert】键进入轴心点编辑状态，此时的轴心点图标会变成空间坐标，如图2-16所示。移动轴心点图标到相应位置后，再次按【Insert】键，图标恢复到最初状态，轴心点位置编辑结束。

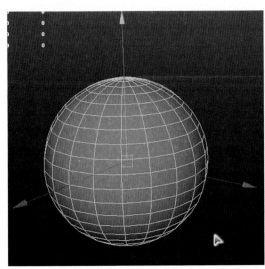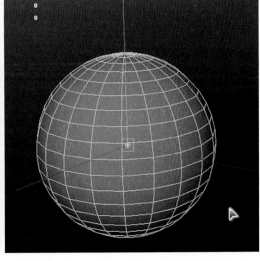

图2-16　轴心点变化

　　如果想将物体轴心点由其他位置改变回物体重心位置，选择Modify→Center Pivot（修改→中心枢轴）命令即可，如图2-17所示。

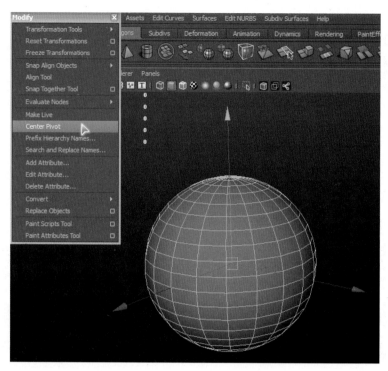

图2-17　恢复轴心点

2.3.2　物体的常规操作

进行物体操作时，为提高制作效率经常会使用快捷键进行操作。常用快捷键如下：

快捷键【Q】：选择物体。

快捷键【W】：移动物体。

快捷键【E】：旋转物体。

快捷键【R】：缩放物体。

【Ctrl +Z】：撤销选择。

【Ctrl +D】：复制物体。

选择物体时，按住【Shift】键可加选物体，按住【Ctrl】键可减选物体。

2.3.3　创建工程目录

在制作一个项目时，通常会创建一个独立的工程目录用于进行文件的管理，项目中所有的模型、贴图、渲染文件等相关的信息都会分门别类地收录在工程目录中，方便对文件的储存、管理和应用。

1. 创建一个工程目录

选择File→Project→New（文件→工程项目→新建）命令，在弹出的窗口中的Name（命名）文本框中设置工程目录的名字，在Location（路径）文本框中输入工程目录的存储位置。并单击Use Defaults（使用默认选项）按钮，单击Accept（接受）按钮，自动创建默认的包含各分类文件的文件夹，如图2-18所示。

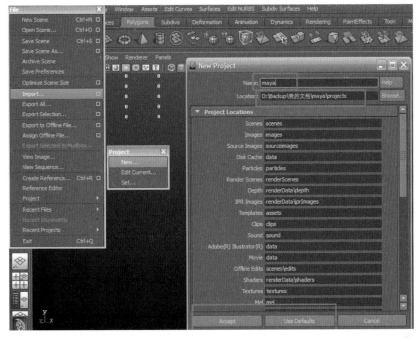

图2-18　设置工程目录

2. 指定工程目录

选择File→Project→Set（文件→工程项目→设置）命令，指定已有的工程目录文件夹即可。

2.3.4　导入参考图片

在制作模型时，为了能够更准确地创建模型，通常需要导入一些参考图片来辅助建模工作。选中需要导入图片的视图（如正视图），选择View→Image Plane→Import Image（视图→图像面板→导入图像）命令，或者在该视图中单击导入图片的快捷图标，即可将图片导入，如图2-19所示。

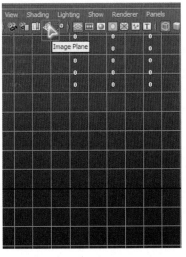

图2-19　在视图中导入图片

如需调整导入的图片，如图2-20所示，在通道栏中找到INPUTS中的Image Plane属性，调整Center中X/Y/Z的参数可移动图片位置；调整Width/Height（宽度/高度）参数可缩放图片大小；调整Alpha Gain参数可控制图片的透明度。

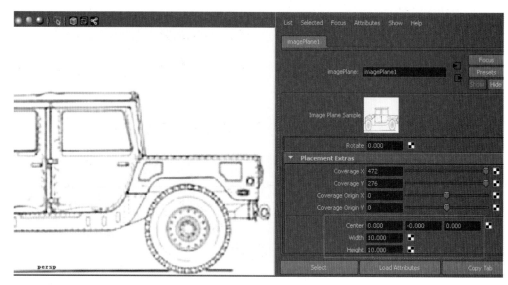

图2-20　调整图片参数

2.3.5　视图的渲染

选择Window→Render Settings（窗口→渲染设置）命令，在打开窗口Common（常规）选项卡中的Image Size栏中设置渲染尺寸，在Maya Software 选项卡中的Anti-aliasing Quality（抗锯齿质量）下面的Quality下拉列表框中选择渲染的级别，通常选择Production quality（产品级别质量），渲染设置完成后，单击渲染图标，进行渲染，如图2-21所示。

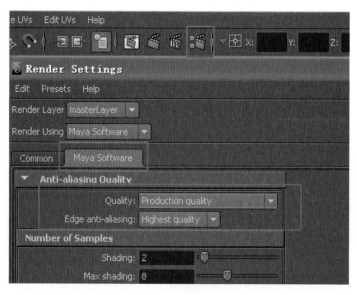

图2-21　视图渲染设置

问题1：怎样才能修改Maya的快捷键？

答：在Window→Setting/Preference→Hotkey中可以修改。

问题2：为什么移动工具只有在前视图才显示箭头，在其他视图都是直线？

答：显卡驱动没有装好，重新安装显卡驱动即可解决。

问题3：为什么Maya的移动工具坐标上会有一条红线，如何去掉？

答：双击移动工具的图标，在弹出的属性栏中重置工具。

问题4：Maya建模时，不小心按错键，然后不管按【W】、【E】、【R】，都没有箭头。

答：模型被锁定，所以坐标轴显示黑色，无法移动、旋转、缩放。若想恢复，再次按【X】键即可解决。

问题5：Maya移动工具像有磁铁一样，无法细微移动。

这是因为吸附工具被打开或移动工具的Discrete move项被勾选，只需单击状态栏上的几个吸附工具按钮，把激活的按钮都取消即可。

问题6：版本间的转换。

Maya软件中，高版本可以向下兼容低版本，但低版本无法向上打开高版本。如果需要在2008版本中打开2012版本的文件，需要先在Maya 2012版本中将文件另存为扩展名为.ma的格式，然后右击文件，用记事本方式打开该文件，将前面的2个"2012"改为"2008"字样后保存退出。这样使用2008版本就可以打开该文件，如图2-22所示。

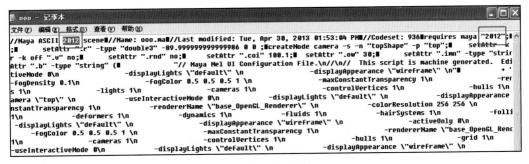

图2-22　版本切换

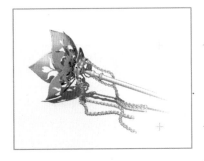

第3章

Maya NURBS建模技术

 本章节中通过三个项目案例由浅入深完成 NURBS 建模技术内容的综合学习。内容包括曲线的创建与编辑、曲面的创建与编辑、曲线转化曲面的相关命令和应用技巧，以及由点到线、由线到面的建模流程。

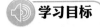 通过不同层次的项目案例的学习，能够了解 NURBS 建模的基本原理和方法，掌握 NURBS 建模各种操作命令和应用技巧，精通 NURBS 的建模方法。

 （1）由于 NURBS 建模的方法是通过曲线的编辑完成曲面的构建，所以对模型结构的分析就显得尤为重要。在日常生活中有意识地培养自己对物体结构的剖析分解能力是非常重要的。

（2）运用动画、动力学、粒子特效等手段都可以辅助模型的制作，并且还可能得到意想不到的特殊效果，所以综合性学习 Maya 软件的其他功能模块就显得很重要，在制作过程中要融会贯通，举一反三。

（3）分析、总结其他优秀作品的制作手法和制作思路会大大提高学习效率和制作水平。

 36 学时。

|3.1| 认识NURBS建模技术

本节介绍了Maya NURBS建模的基本概念和基本曲面几何体的应用，并着重介绍了NURBS建模技术的工具架常用命令。Maya NURBS是MAYA三种建模方式中的一种，也是目前非常流行的建模方式。它的典型特点是用较少的点就可以圆滑地控制大范围的面，制作出复杂且精确的模型。但由于建模中分割体块比较多且容易产生缝隙，不利于动画的制作和UV的编辑，所以多应用于品质较高的工业造型领域，较少运用制作复杂动画的生物模型。

3.1.1 什么是NURBS建模

NURBS曲线是构成NURBS曲面的基础，一般来说曲面的建造都是从曲线开始的，曲线是用来创建曲面的元素，无法被渲染。Maya提供了多种基本曲面几何体，选择Create→NURBS Primitives（创建→初始曲线）命令或者单击工具架上的选项卡都可以得到，如图3-1所示。

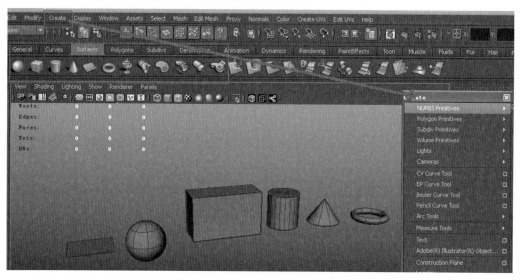

图3-1　NURBS模型创建

曲线包括多种基本元素，要显示这些元素可按【F8】键进入子物体的选择模式，或者右击选择元素，其基本元素如图3-2所示。

曲线是有方向的，创建曲线的第2个点，以字母"U"显示，用来决定曲线的方向，以及将来形成曲面的方向。

CV（控制点）：可影响附近多个编辑点，可以改变曲线和曲面的形状。

EP（编辑点）：Edit Point的简称。是曲线上的结构点，用十字叉显示，可以移动编辑点改变曲线的形态。

HULL（壳线）：CV之间的连线，选择它可快速选择U方向的一组控制点。

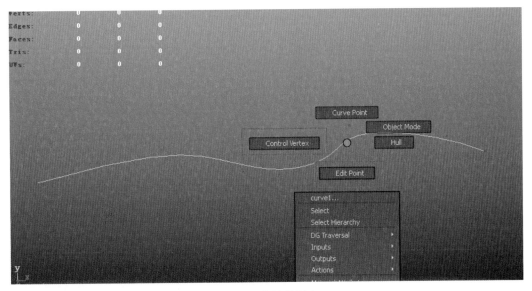

图3-2　曲线控制点

3.1.2　Edit Curves菜单主要工具

Edit Curves菜单中主要是关于曲线编辑的命令。

（1）CV Curve Tool（创建CV曲线工具）：该命令位于主菜单Create下，由于涉及曲线的最初创建，所以在学习Edit Curves菜单内的工具前，需对CV Curve Tool（创建CV曲线工具）有一定的了解。双击该工具打开属性窗口，若在调整Curve degree（曲线段数）中设置1 Linear（直线）模式，那么绘制出的线段将为直线。如果选择默认的3 Cubic（立方）模式，则是由4个控制点来确定一段曲线，如图3-3所示。

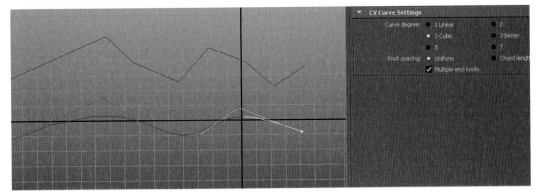

图3-3　曲线编辑

（2）Duplicate Surface Curves（复制曲面曲线）：右击曲面，进入ISOparm模式中，选取任意一条/多条ISOparm线，选择Duplicate Surface Curves（复制曲面曲线）命令可将曲线从曲面上复制出来，如图3-4所示。

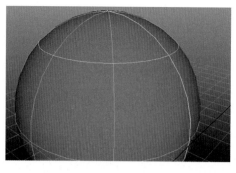

图3-4 复制曲面曲线

（3）Attach Curves（结合曲线）：选择两段曲线，选择Attach Curves（结合曲线）命令，可将独立的两段曲线连接成一条曲线，如图3-5所示。

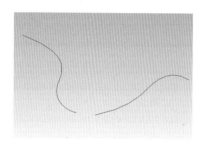
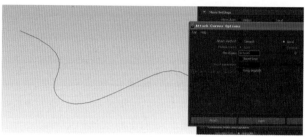

图3-5 结合曲线

（4）Detach Curves（分离曲线）：如图3-6所示，右击曲线，进入Curve Point模式，在曲线上任意选一点，选择Detach Curves（分离曲线）命令，可在该点处将曲线分离成两段。

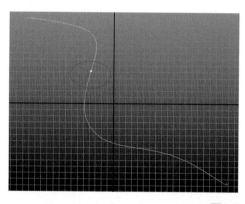
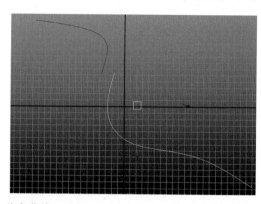

图3-6 分离曲线

（5）Open/Close Curves（打开/闭合曲线）：将一条曲线打开或者闭合。

（6）Cut Curves（剪切曲线）：将两条曲线在交叉点断开。

（7）Rebulid Curves（重建曲线）：在不改变原曲线形态的基础上，改变控制点的数量并均衡分布，如图3-7所示。

（8）Curves Editing Tool Insert Knot（编辑曲线工具、插入节点）：用于给曲线加节点的工具，在曲线需要加入节点的地方单击，再选择Insert Knot（插入节点）命令，可在该处增加一个编辑点。

（9）Add Points Tool（增加节点工具）：用于一段已经绘制好的曲线线段末尾，如图3-8所示。

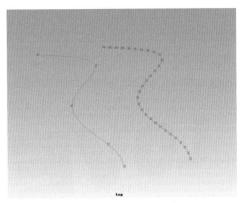

图3-7　重建曲线

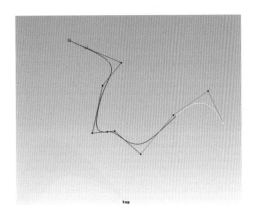

图3-8　增加节点

（10）Reverse Curve Direction（反转曲线方向）：每一条线段都有起点和结束点，线段的空心小框表示的起点处，选择Reverse Curve Direction（反转曲线方向）命令可以反转曲线的方向，在曲线成曲面的命令中，曲线的方向非常重要。

3.1.3　Surfaces菜单主要工具

Surfaces菜单主要是关于曲线创建曲面的命令。

（1）Revolve（旋转）：利用曲线作为横截面的轮廓线，旋转成型，如图3-9所示。

（2）Loft（放样）：利用几条曲线作为横截面的轮廓线，放样成型，如图3-10所示。

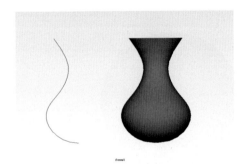

图3-9　旋转成型

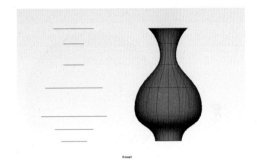

3-10　放样成型

（3）Plane（平面）：为一条所有点处于同一平面的闭合曲线创建曲面，如图3-11所示。

（4）Extrude（挤出）：该命令有两种模式。一种是利用自身曲线为路径，配合其他截面曲线创建曲面；另一种是以自身曲线为截面，进行垂直挤压创建曲面，如图3-12所示。

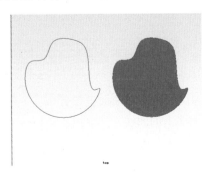

图3-11　成平面

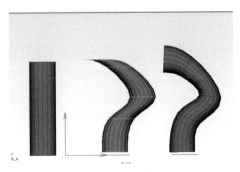

图3-12　挤出

（5）Birail（轨道成型）：利用导轨曲线，加上1～3条轮廓线创建曲面，如图3-13所示。

（6）Bevel Plus（加强倒角）：用于通过曲线创建带有导角边和闭合面的曲面，通常用于文字处理和LOGO制作，如图3-14所示。

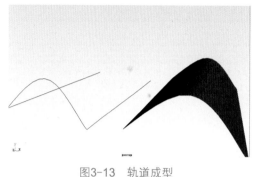

图3-13　轨道成型

图3-14　加强倒角

3.1.4　Edit NURBS菜单主要工具

Edit NURBS菜单主要是关于编辑曲面的命令。

（1）Duplicate NURBS Patches（复制NURBS面片）：右击物体，选择Surfaces Patches（曲面面片）命令，即可将选择的面片复制出来，如图3-15所示。

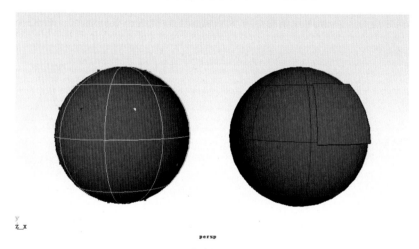

图3-15　复制NURBS面片

（2）Project Curve on Surface（投射曲线在曲面）：将曲面外的轮廓线投射到曲面上，创建曲面上的曲线。常用于进行曲面的剪切、对接等操作。选择曲线，再加选曲面，执行该命令则可将曲线按照视图的角度映射到曲面上，如图3-16所示。

（3）Intersect Surfaces（相交曲面）：执行该命令，可得到两个曲面之间的相交的边缘线，多用于物体的剪切。

（4）Trim Tool（剪切工具）：根据曲面上曲线画出的范围对曲面进行剪切。一般通过Project Curve on Surface（投射曲线在曲面）命令得到曲面上的曲线，然后激活Trim Tool（剪切工具），单击曲面，此时曲面会呈现线框显示，在需要保留的面上单击并按【Enter】键，可将多余的面去掉，如图3-17所示。

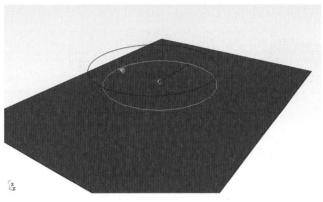

图3-16 投射曲线在曲面

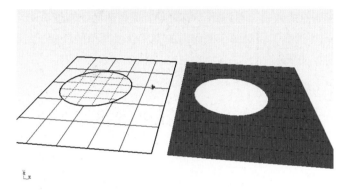

图3-17 剪切平面

（5）Attach Surfaces（附加曲面）：选择两个面的Isoparm线，执行该命令可将两个曲面结合成一个曲面。

（6）Insert Isoparms（插入Iso线）：右击选择曲面，进入Isoparm结构线选择模式，按住【Shift】键拉出若干条Isoparm结构线，执行该命令可将这几条Isoparm结构线添加到曲面上，如图3-18所示。

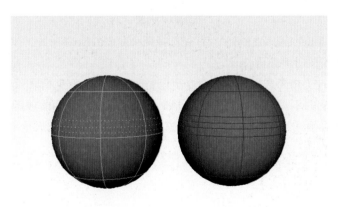

图3-18 插入Iso线

（7）Detach Surface（分离曲面）：选择Isoparm结构线，执行该命令可将曲面从该处分离开，如图3-19所示。

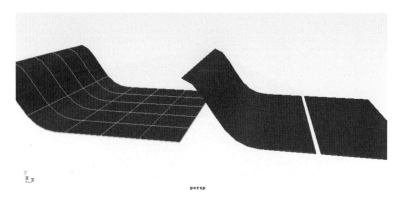

图3-19　分离曲面

（8）Rebuild Surface（重建曲面）：在物体原形态不变的基础上，改变曲面Iso参考线的数目和分布、表面控制点的数目，可以用于精简或者提高曲面的精度。

（9）Round Tool（围绕）：对两个曲面内的交界处做圆角的处理，按数字键4，可在线框显示下选择边，如图3-20所示。

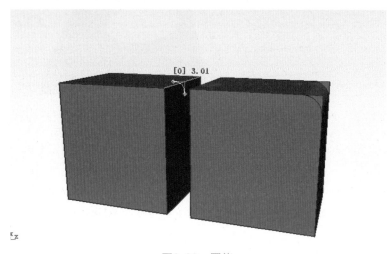

图3-20　围绕

（10）Surface Fillet（曲面圆角）：首先选择两个曲面的Iso参考线，执行该命令，可在两个曲面之间创建光滑的过渡曲面。

（11）Boundary（边界成面）：该命令可以通过3条或者4条边界曲线生成曲面，但与围绕工具不同的是，它并不需要线段之间首尾相交，可以是不闭合曲线或者是交叉曲线。但执行该命令要注意选择曲线的顺序，不同顺序的选择最终形成的曲面结果也不同。

3.2 | NURBS基础建模项目——古典烛台

本节根据设计稿要求，利用NURBS建模方式，完成烛台模型建模工作。分析建模方式，分析NURBS建模技术制作模型的流程。利用NURBS曲线转化曲面，可以得到制作精细的NURBS模型，通过调整其编辑点和Hull线，可以更加细致地调整模型形态。

1. 绘制轮廓线

（1）如图3-21所示，在前视图选择Create→CV Curve Tool（创建→CV曲线工具）命令，并将Curve Degree改为3 Cubic（立方）模式，绘制烛台的外轮廓线。按【F8】键进入元素级别调整CV（控制点），进一步调整线的形态，如图3-22所示。

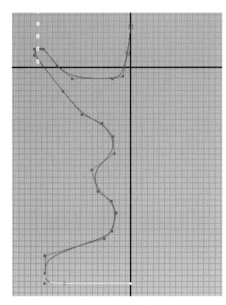

图3-21　创建曲线　　　　　　　　图3-22　编辑曲线控制点

（2）右击曲线，进入Curve Point模式，在曲线中想加入点的区域单击，选择Edit Curves→Insert Knot（编辑曲线→插入节点）命令，可对曲线增加编辑点，如图3-23所示。

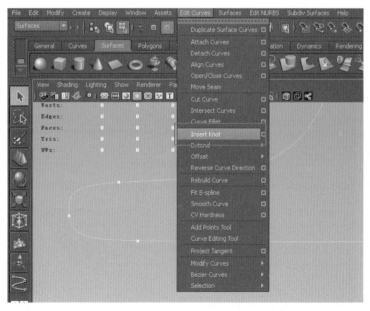

图3-23　插入点

（3）如图3-24所示，进一步调整好曲线的形态后，选择Surface→Revolve(曲面→旋转)命令，得到烛台的形态。

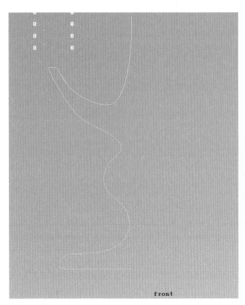
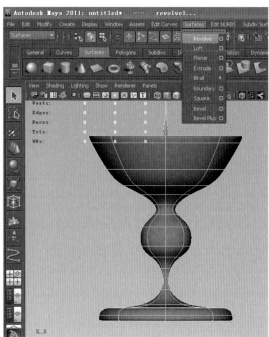

图3-24　旋转成型

2. 调整烛台细节

在未对物体删除构建历史之前，原有的轮廓线对物体仍起作用，继续调整轮廓线上的点，依然可以对烛台的轮廓形状进行编辑。

（1）选择物体，选择Edit→Delete by Type→History（编辑→删除类型→历史）命令，删除原来的轮廓线，如图3-25所示。

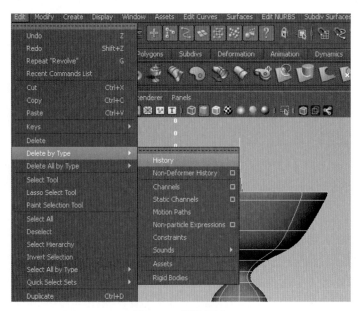

图3-25　删除历史

（2）右击选择CV控制点，调整模型的细节，如图3-26所示。

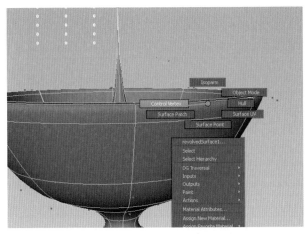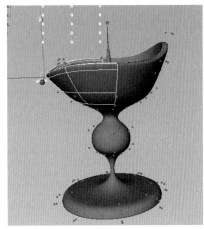

图3-26　调整模型结构

（3）选择物体，右击选择Isoparm（Iso参考线），拖动Isoparm参考线到适当的位置，按【Shift】键可增加多条参考线。选择Edit NURBS→Insert Isoparms（编辑曲面→插入Iso参考线）命令，可给物体增加新的Iso参考线，如图3-27～图3-29所示。

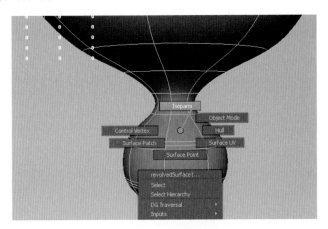

图3-27　选择Isoparm

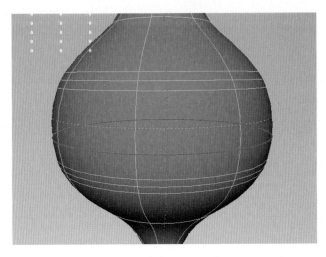

图3-28　确定Isoparm位置

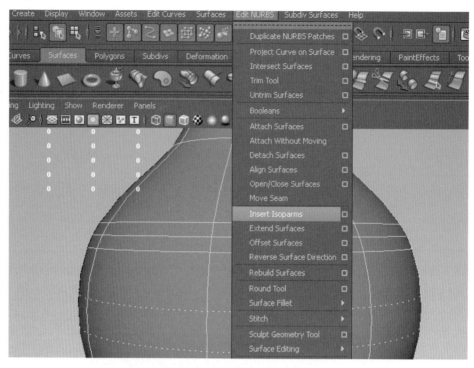

图3-29 插入Isoparm参考线

（4）右击选择Hull（壳线），选择中间的Hull，按【R】键整体调整模型的细节，如图3-30和图3-31所示。

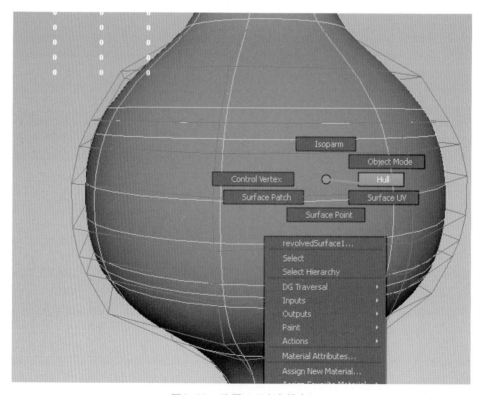

图3-30 选择Hull（壳线）

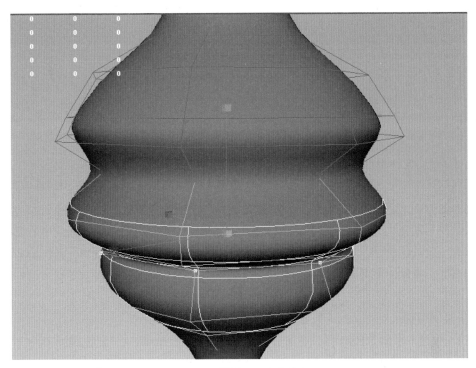

图3-31　调整Hull（壳线）

（5）通过调整CV控制点和Hull进一步继续调整烛台的细节，设置灯光并渲染出静态图，如图3-32所示。

图3-32　静态图

插入Iso参考线，既可通过选择Edit NURBS→Insert Isoparms（编辑曲面→插入Iso参考线）命令插入，也可通过选择Edit Curves→Insert Knot（编辑曲线→插入节点）命令达到同样的效果。

3.3 NURBS中级建模项目——荷塘月色

本节通过对场景中模型的制作，充分掌握利用NURBS建模技术制作模型的方法。制作出水墨效果的荷花、荷叶、莲蓬等场景模型。为体现出水墨效果的感觉，场景中的模型制作上要求有一定的随意性，切勿中规中矩，要符合水墨画写意、随性的效果，制作中细节的把握至关重要。场景中需要完成荷花、荷叶、莲蓬等物体模型的制作，接下来逐一进行模型的制作。

1. 制作荷花

（1）创建一个NURBS球体，在通道栏中修改创建属性Rotate Z（旋转Z轴）为90，Radius（半径）为1，Sections（段数）为16，Spans（跨度）为8，如图3-33所示。

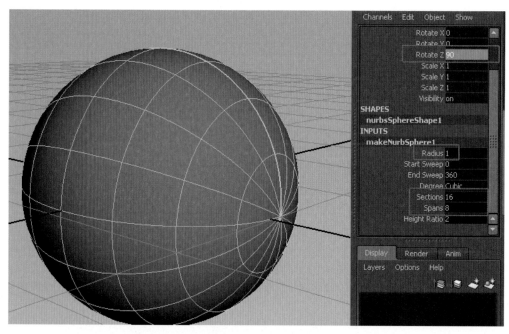

图3-33　创建球体

按快捷键【R】，沿X轴方向压缩，调整模型上的点，将其修改成花瓣的形状，如图3-34和图3-35所示。

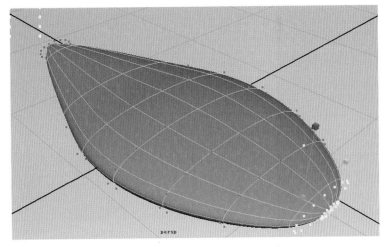

图3-34　压缩球体

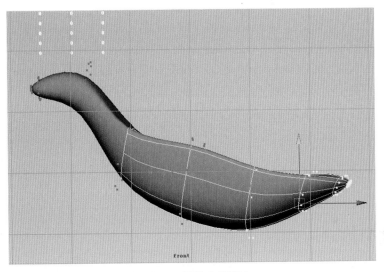

图3-35　调整花瓣形态

切换到Animation（动画）面板，选择花瓣，选择Create Deformers→Nonlinear→Bend（创建变形器→非线性变形器→弯曲变形器）命令。在通道栏中修改属性Rotate X（旋转X轴）为90，Curvature（弯曲度）为-1.8。将花瓣两侧向内卷起的形态制作出来，过程如图3-36～图3-38所示。

图3-36　使用非线性变形器——弯曲变形器

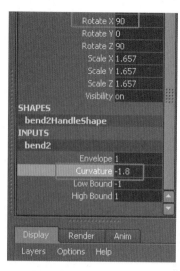

图3-37 修改弯曲参数

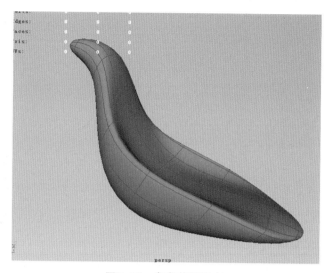

图3-38 参考花瓣形态

（2）按【Insert】键，将中心点放置在花瓣的底端，再次按【Insert】键，恢复到选择状态。选择Edit→Delete by Type→History（编辑→删除类型→历史）命令。

选中花瓣，选择Edit→Duplicate Special（编辑→特殊复制）命令，Rotate Y（旋转Y轴）为60，复制数量输入5，单击Apply（执行）按钮，如图3-39所示。

图3-39 复制花瓣

（3）逐一调整每片花瓣的形态及位置，尽量避免花瓣形态的雷同及花瓣之间的穿插现象。根据模型的情况，重复上述步骤，将模型调整成如图3-40所示的荷花效果。

图3-40　荷花模型

选择所有花瓣，按快捷键【Ctrl+G】将其组合，重命名为HB。在通道栏中，创建Layer1。选择HB，在Layer1上右击，在弹出的快捷菜单中选择Add Selected Objects（添加选择物体）命令，将HB放在Layer1中，如图3-41所示。

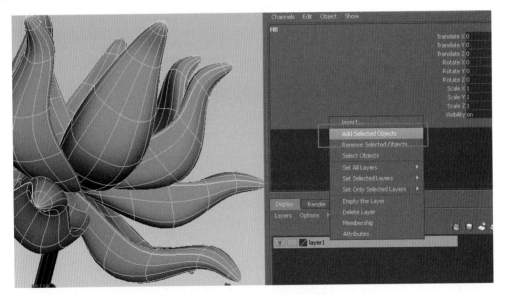

图3-41　将物体添加到图层

2. 制作花茎

在侧视图绘制一条花茎的轮廓曲线，再创建一个圆环，如图3-42所示。选择圆环，按【Shift】键加选曲线，选择Surfaces→Extrude（曲面→挤出）命令。打开Extrude（挤出）命令的属性窗口，选中各参数的最后一个单选按钮，单击Apply（执行）按钮，如图3-43所示。

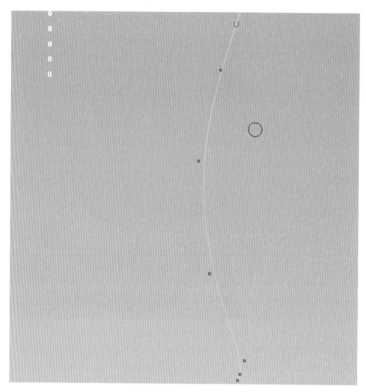

图3-42 创建路径曲线

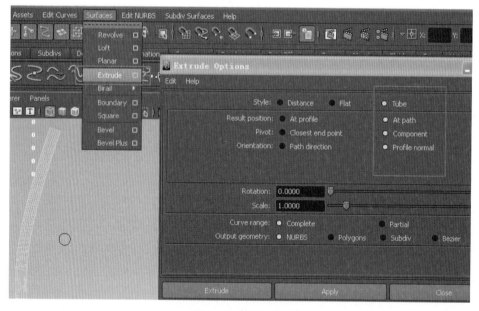

图3-43 挤出花径

　　调整圆环的大小及形状，可以改变花茎剖面的形态，调整完成后，删除花茎的历史记录，并删除圆环和曲线。

　　3. 制作荷叶

　　在顶视图创建Radius（半径）为1.5和8的两个圆环，Sections（段数）均为32。调节第2个圆环形状，如图3-44所示。选择两条曲线，选择Loft（放样）命令，如图3-45所示。

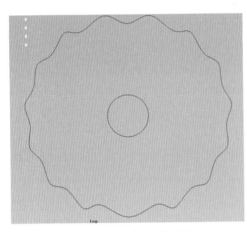

图3-44　创建荷叶外轮廓线

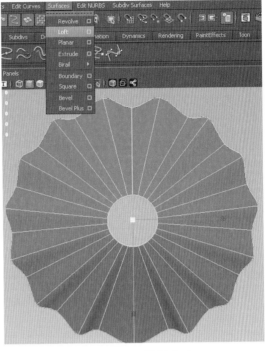

图3-45　放样成型

选择Edit NURBS→Rebuild Surfaces（编辑曲面→重建曲面）命令，打开其属性窗口，修改参数Number of spans U（U方向跨度数量）为56，Number of spans V（V方向跨度数量）为12，如图3-46所示。

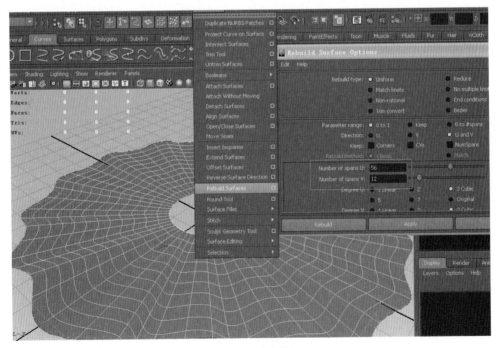

图3-46　重建曲面

选择Edit NURBS→Sculpt Geometry Tool（编辑曲面→画笔工具）命令。在属性窗口中调整参数Opacity（透明度）为0.656 6，Operation（作用类型）为Push。将荷叶的起伏雕刻出来。适当利用Operation（作用类型）中的smooth（光滑）和relax（放松）将起伏的面雕刻得流畅、平和，避免出现面的穿插现象。按住【B】键拖动鼠标中键，可调整雕刻笔刷的大小。新建图层2，将荷叶也放入其中，并隐藏，如图3-47所示。

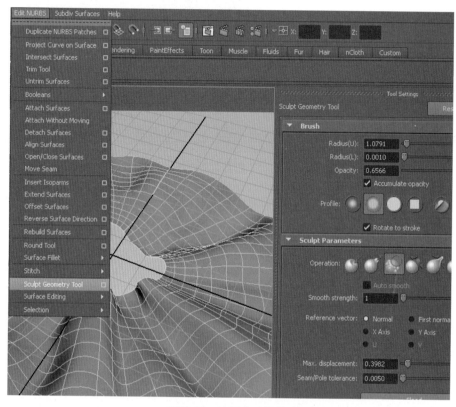

图3-47　绘制荷叶细节

4. 制作莲蓬

在前视图绘制出莲蓬的轮廓线，选择Surfaces→Revolve（曲面→旋转）命令。选择最里面的Iso线，选择Surfaces→Planar（曲面→成平面）命令，过程如图3-48和图3-49所示。

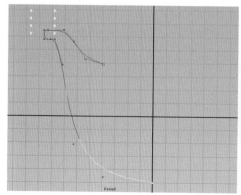
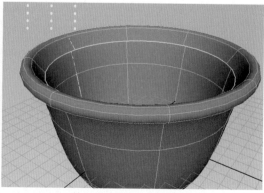

图3-48　制作莲蓬外形

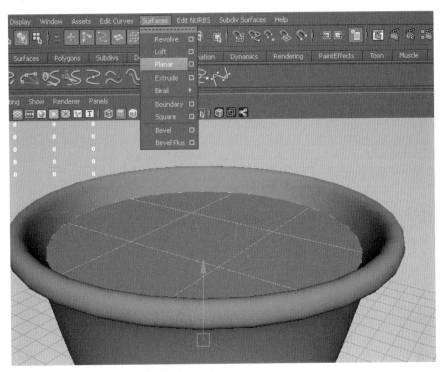

图3-49　制作莲蓬面

如图3-50所示，在顶视图创建8个圆环。选择圆环，按【Shift】键加选平面，选择Edit NURBS→Project Curve on Surface（编辑曲面→映射曲线到曲面）命令。

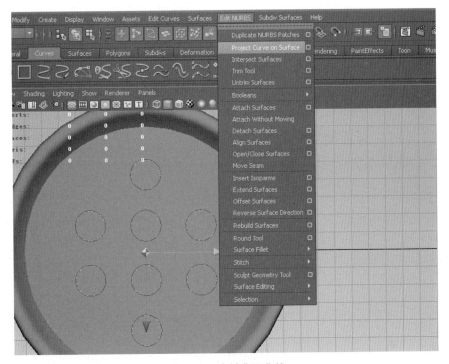

图3-50　映射曲面曲线

选中平面，选择Edit NURBS→Trim Tool（编辑曲面→剪切工具）命令，在欲保留的空间处单击，并按【Enter】键，如图3-51～图3-53所示。

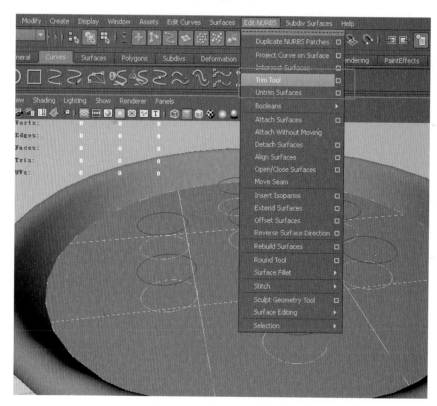

图3-51　映射曲面曲线

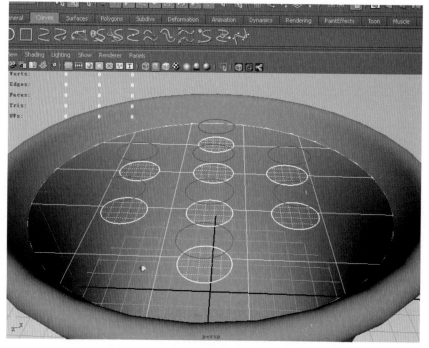

图3-52　剪切命令

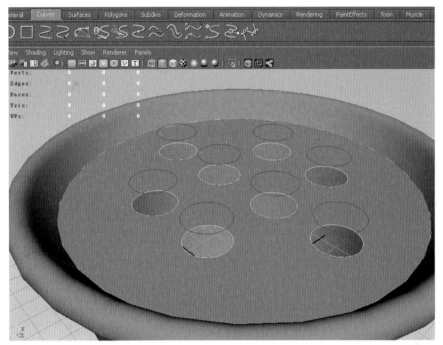

图3-53　剪切后效果

　　观察模型，剪切的地方显得比较粗糙。这是由于原平面自身段数不足引起的，重建曲面可以解决这一问题。删除历史记录，删除无用线段。创建一个NURBS球体，调整CV（控制点），将形态调整成莲子的模样，放在相应的位置。统一选择，整体成组，如图3-54所示。

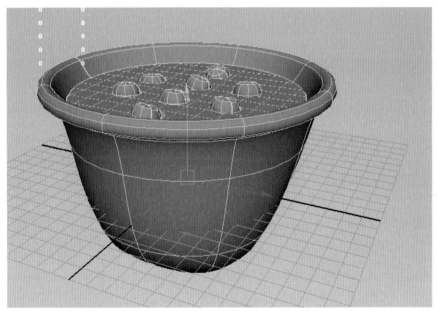

图3-54　制作莲子

　　将隐藏的所有模型都显示出来，按照一定的构图结构摆放，注意疏密结合，有主有次。选择Window→Rendering Editors→Hypershade（窗口→渲染编辑→材质编辑器）命令，如图3-55和图3-56所示。

图3-55　模型效果

图3-56　添加材质

在材质编辑器中找到Ramp Shader材质球，按【Ctrl+A】组合键打开材质球属性窗口，将颜色调节为黑色，将Transparency（透明度）选择为从白色到黑色。并将材质球用鼠标中键拖到物体上，给物体添加材质，如图3-57所示。

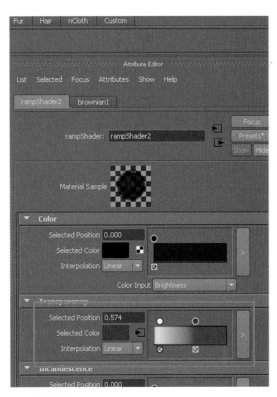

图3-57　材质调整

最终效果如图3-58所示。

图3-58　最终效果

要点提示

（1）在建模过程中，可适当运用动画面板中的命令辅助建模，制作更简单快捷，效果更突出。

（2）在模型制作过程中，场景中无用的线段应及时删除，避免场景中模型的杂乱。

在本项目案例中，学习的重点是灵活运用NURBS建模模块中的工具及命令制作出一款复古风格的发簪模型，学习的难点是运用动画模块中的命令辅助实现建模。灵活运用各类手段达到高品质、高效率的模型制作是本项目教学追求的目标。

1. 制作簪子花头

（1）首先选择创建CV曲线工具，在顶视图绘制出一侧的曲线，按快捷键【Ctrl+D】复制该曲线，在通道栏的属性中调整Scale（缩放）X轴为–1，如图3-59和图3-60所示。

进入线的元素级别，同时选中两条曲线上的CP点，选择Attach Curves（结合曲线）命令，将两条曲线结合成一条曲线。如图3-61所示，选择Open/Close Curves命令，将这条曲线形成闭合曲线。

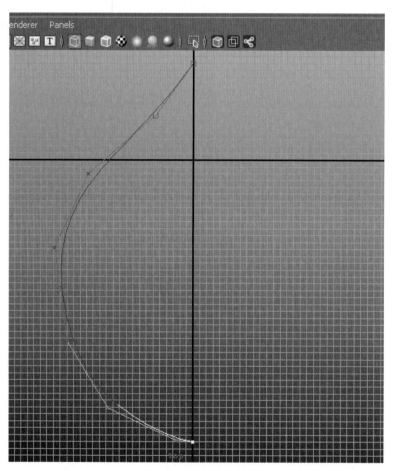

图3-59　绘制轮廓线

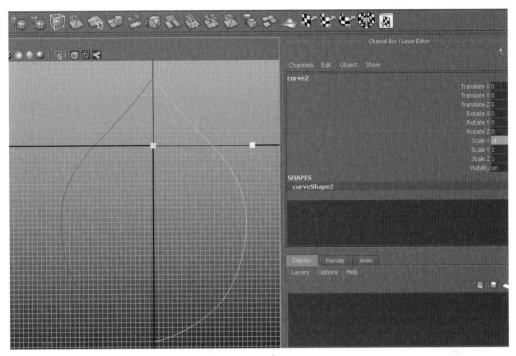

图3-60　镜像复制曲线

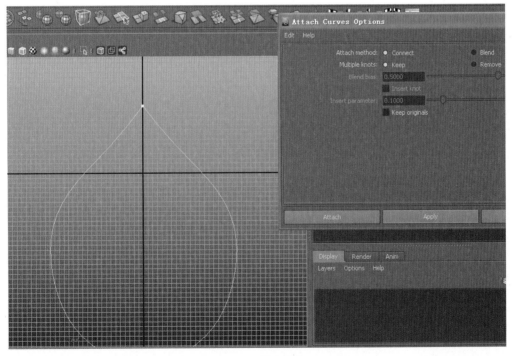

图3-61　结合曲线

　　选中曲线，选择Surfaces→ Plane（曲面→平面）命令，并且选择Rebuild Surface（重建曲面）命令，将Number of spans U/V上的数值统一改成12，如图3-62所示。

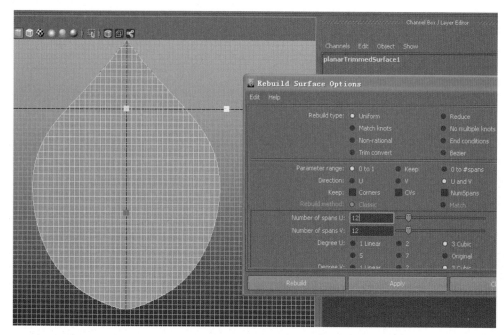

图3-62　重建曲面

（2）绘制一组花样线条，将其在顶视图摆放到模型的中心，如图3-63所示。选择Edit NURBS→Project Curve on Surface（编辑曲面→映射曲线到曲面）命令，如图3-64所示。

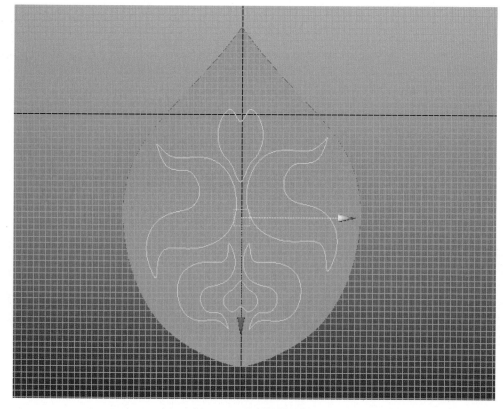

图3-63　绘制花样线条

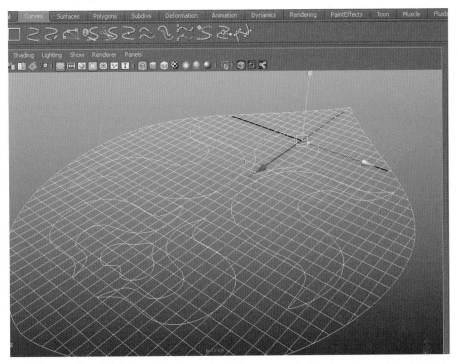

图3-64 映射曲线到曲面

选中曲面,选择Edit NURBS→Trim Tool(编辑曲面→剪切工具)命令,在欲保留的空间处单击,并按【Enter】键,如图3-65所示。如剪切过于粗糙,可以执行重建曲面,将曲面的精度数值调高。

图3-65 重建曲面

（3）创建一圆环，选择圆环，按【Shift】键加选原始轮廓曲线，选择Surfaces→Extrude（曲面→挤出）命令。打开Extrude命令的属性窗口，选择所有参数的最后一个单选按钮，根据模型再度调整圆环的大小，之后删除构建历史和点场景文件中所有的曲线，效果如图3-66所示。

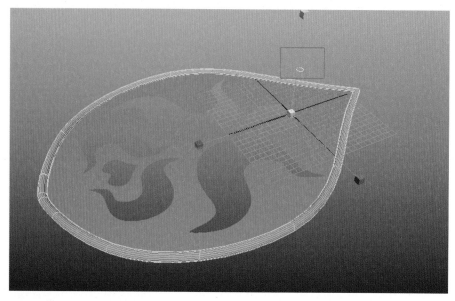

图3-66　圆环效果

将场景里的物体全部选择打成一个组，选择Modify→Center Pivot（修改→恢复物体中心点）命令。

（4）在功能模块区，选择Animation（动画）模块，选择Create Deformer→Lattice（创建变形器→晶格）命令，如图3-67所示。该命令会用晶格将物体包裹起来，通过调整晶格点达到改变物体形状的目的。

选中晶格，右击选择Lattice Point（晶格点），调整晶格位置，将模型调整合适后，删除构建历史，如图3-68所示。

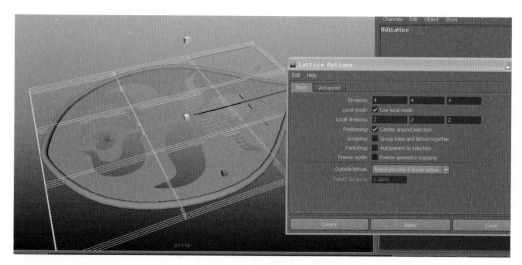

图3-67　添加晶格

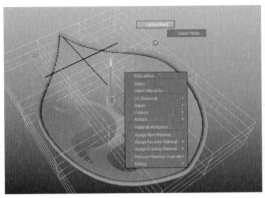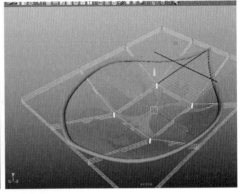

图3-68 晶格调整模型

将中心点放到模型的底部，复制出5个，并逐一调整位置，如图3-69所示。

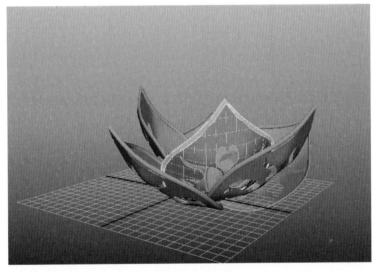

图3-69 复制物体

仔细调整外部叶片的位置，避免面与面之间的穿插现象，如图3-70所示。

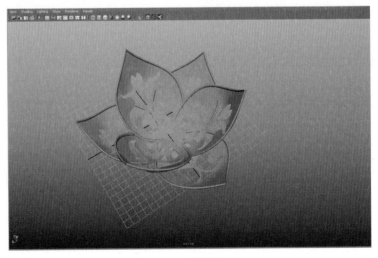

图3-70 调整形态

（5）制作花蕊。在顶视图创建一个NURBS Circle（圆环），创建位置如图3-71所示。

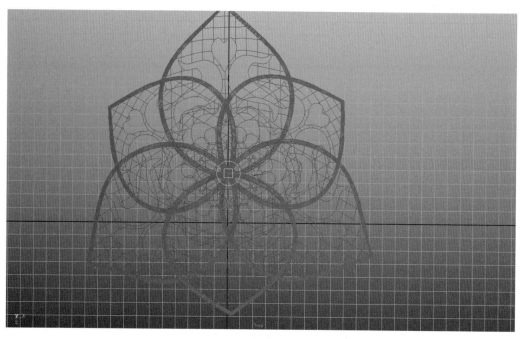

图3-71　创建花蕊曲线

复制一个圆环，将其向上移动到图3-72所示位置。

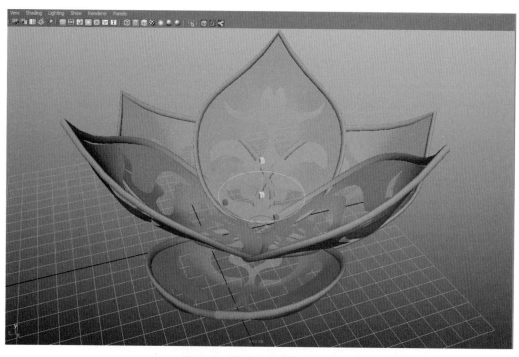

图3-72　移动、修改复制圆环

同理，依次复制3个圆环，如图3-73所示。

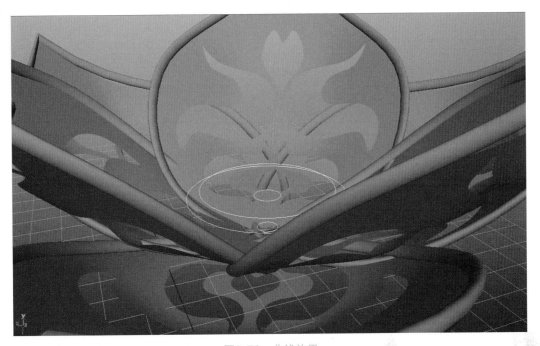

图3-73　曲线效果

　　从下至上依次选中圆环，使用Loft命令对其放样，效果如图3-74所示。

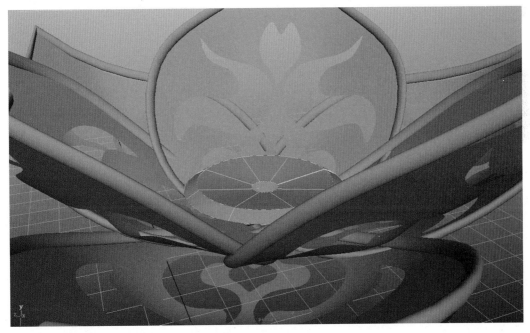

图3-74　放样成型

　　选择中间的圆环，对其使用Surfaces→Planar（曲面→平面成面）命令，如图3-75和图3-76所示。

图3-75 成平面

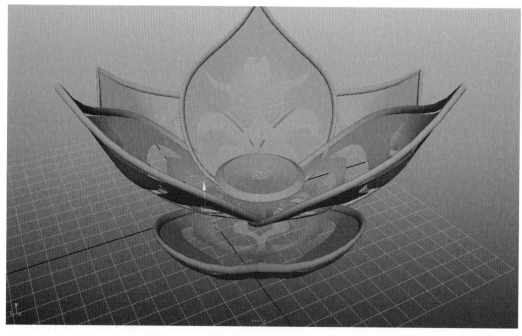

图3-76 调整模型

接着创建6个等大的圆环，位置如图3-77所示。

选中所有圆环与花蕊部分的NURBS平面，选择Edit NURBS→Project Curve on Surface（曲线→映射到曲面）命令，如图3-78所示。

图3-77　圆环摆放位置

图3-78　映射曲线

选中曲面，选择Edit NURBS→Trim Tool（剪切工具）命令对曲面进行裁切，将圆环里面的面剪切掉，如图3-79所示。

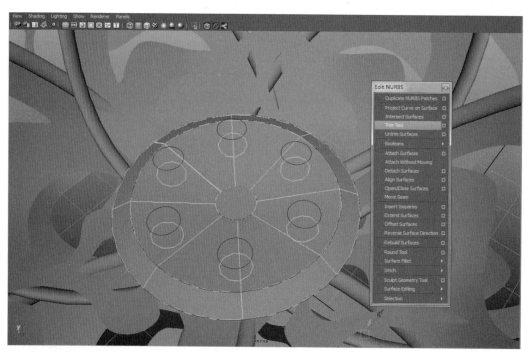

图3-79 剪切面

选中曲面，删除其历史记录，如图3-80所示。

图3-80 剪切曲面

（6）制作突出的花蕊。将原来的圆环缩小，如图3-81所示。

图3-81 制作花蕊突出效果

选中圆环与曲面的Trim Edge（剪切边），对其使用Loft（放样）命令，制作出突出的曲面效果，如图3-82和图3-83所示。

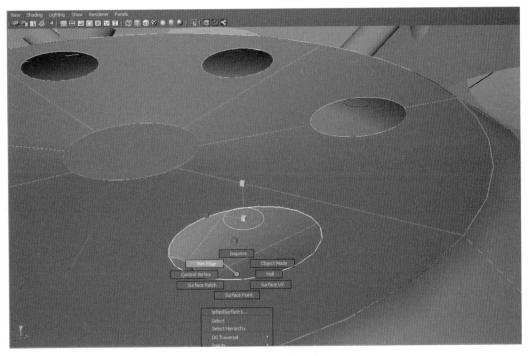

图3-82 选择剪切边

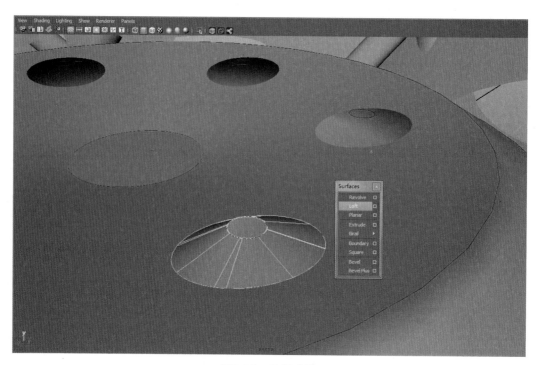

图3-83 放样成型

将选中的圆环继续进行缩放。将圆环的Scale X、Scale Y、 Scale Z数值均调为0，如图3-84和图3-85所示。

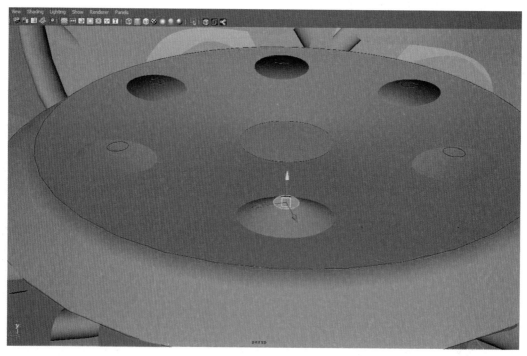

图3-84 缩放圆环

花蕊效果如图3-86所示。

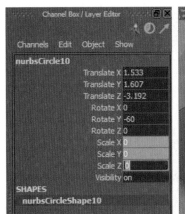

图3-85 修改缩放数值

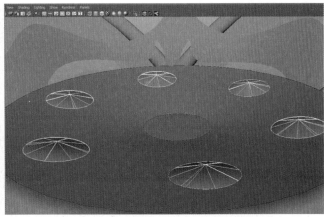

图3-86 花蕊效果

（7）制作小花瓣。使用CV曲线，在空间中绘制如图3-87所示曲线，并调整其形态。

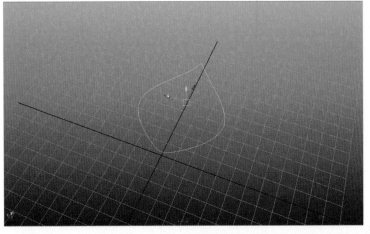

图3-87 小花瓣轮廓线

选中曲线，选择Surfaces→Planer（平面→平面成面）命令，生成曲面，如图3-88所示。

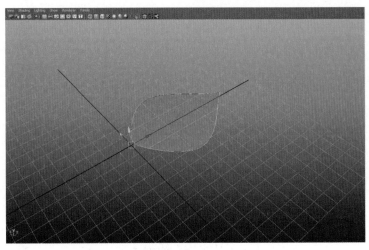

图3-88 成平面

Surfaces→Planer（平面成面）命令使用的前提条件是线必须是在同一水平面内，否则，命令无法执行。

调整曲面形态，使其符合花瓣形状，如图3-89所示。

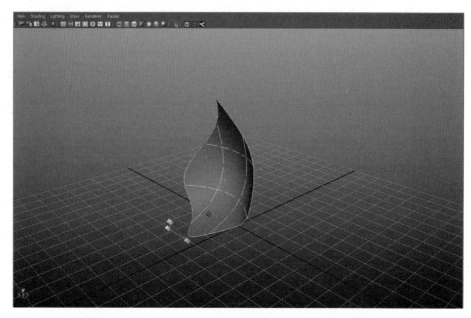

图3-89　调整形态

选中花瓣，选择Edit→Duplicate Special（编辑→特殊复制）命令再复制三个花瓣，如图3-90所示。

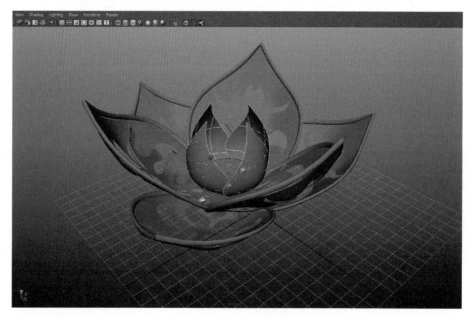

图3-90　复制花瓣

Maya三维建模教程

2. 制作篝柄

（1）创建一个NURBS Circle（圆环），调节其属性，将Degree设为Linear（线性），Number of sections（节点数量）设为16，如图3-91所示。

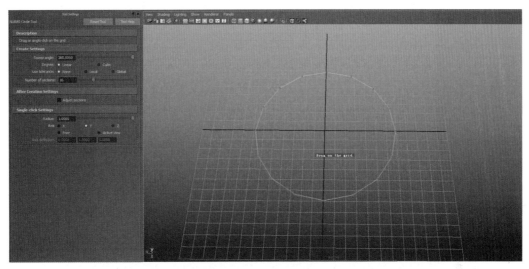

图3-91　创建轮廓线

选中曲线上的点，将其形状调整为图3-92所示的效果。

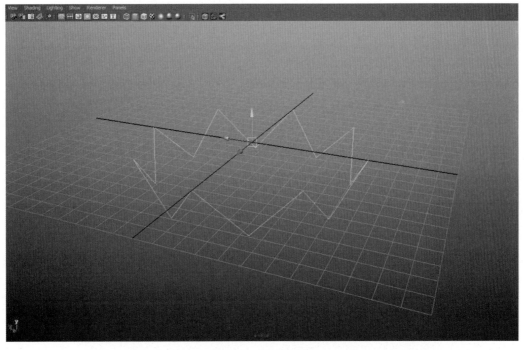

图3-92　调整轮廓线

创建一个圆环，加选之前创建的曲线，选择Surfaces→Extrude（曲面→挤出）命令，如图3-93和图3-94所示。

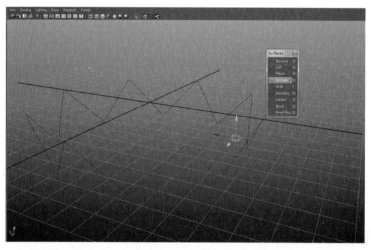

图3-93 创建剖面线

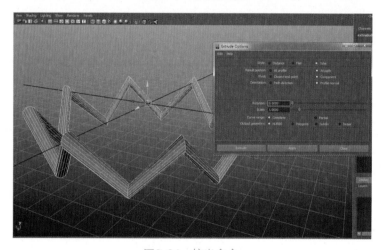

图3-94 挤出命令

（2）在花蕊下方，创建如图3-95所示的圆环，从上到下依次选中，并选择Surfaces→Loft
曲面（放样）命令，如图3-96所示。

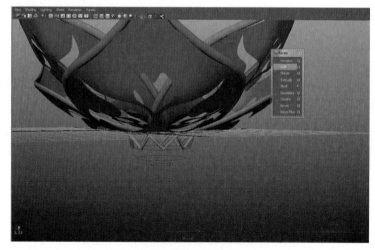

图3-95 创建圆环

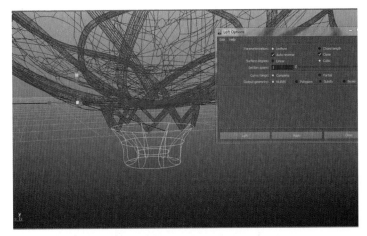

图3-96　放样成型

利用CV曲线，在空间中绘制图3-97所示的图形。创建圆环，对其使用Surfaces→Extrude（曲面→挤出）命令。

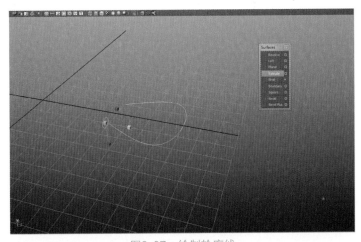

图3-97　绘制轮廓线

设置Extrude Options，将其改为图3-98所示的参数。

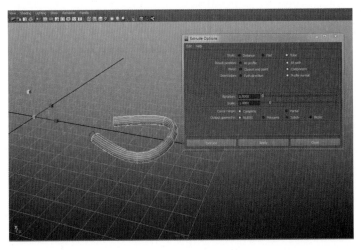

图3-98　调整挤出参数

选中所形成的NURBS曲面，调整其形状及位置，如图3-99所示。

图3-99　调整形态

使用Duplicate Special（特殊复制），将所形成的曲面进行复制，摆放效果如图3-100所示。

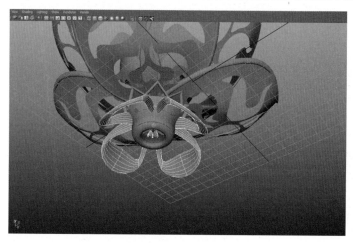

图3-100　复制花托

原理同上，制作出图3-101所示的花托。

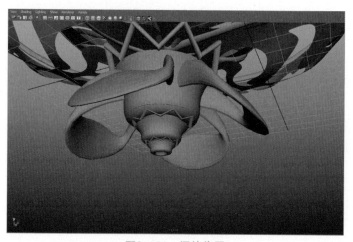

图3-101　摆放位置

加入发簪柄，效果如图3-102所示。

图3-102　效果展示

3. 制作吊坠装饰

首先将所有模型打成一个组，根据构图摆放到合适的位置，如图3-103所示。

创建5个NURBS圆环，将其调整至图3-104所示的位置，注意摆放得错落有致。

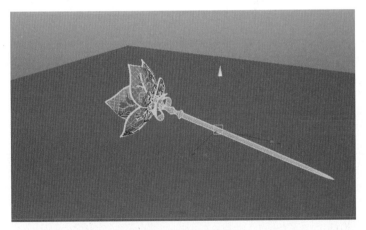

图3-103　调整发簪位置

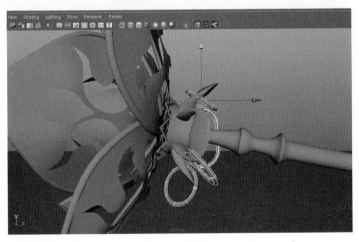

图3-104　摆放圆环

创建一个NURBS 圆环，调整编辑点后将圆环复制，调整复制圆环的位置和角度，并将两个圆环打成一个组，重命名为G1，如图3-105所示。

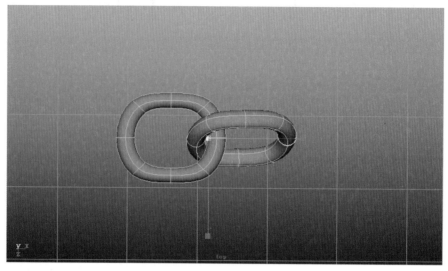

图3-105　链环成组

绘制一条CV曲线，在不同视图综合调整位置，如图3-106所示。

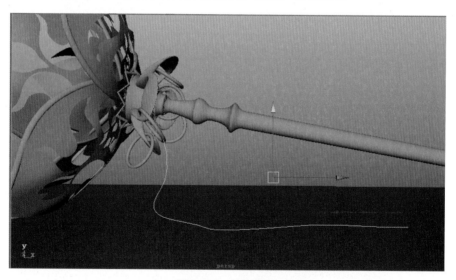

图3-106　绘制路径

　　将模块切换成Animation（动画）模块，这里将利用动画模块的命令辅助完成模型的快速制作。选择G1，按【Shift】键加选曲线，在菜单栏中选择Animate→Motion Paths→Attach Motion Path（动画→运动路径→结合路径）命令。在其属性面板中Time range（时间范围）选择Start/End单选按钮。将开始和结束的帧数数值改为1和50，如图3-107和图3-108所示。

　　在菜单栏中选择Animate→Create Animation Snapshot（动画→创建动画快照）命令。打开Animation Snapshot的属性面板，Time range设置同前。将开始和结束的帧数数值改为1和50。将Increment的参数改为2，如图3-109所示。

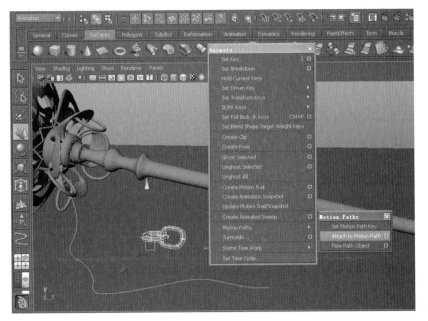

图3-107 结合路径

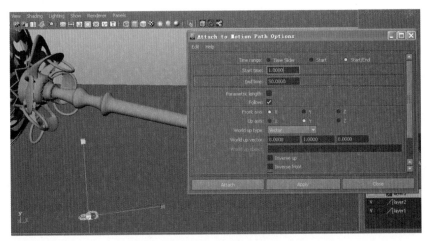

图3-108 设置结合路径参数

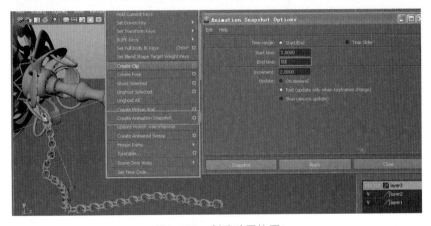

图3-109 创建动画快照

利用上述方法，制作出其他的吊坠，效果如图3-110所示。

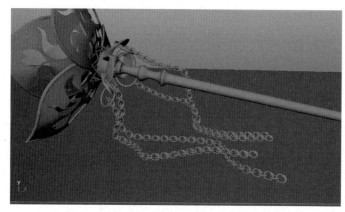

图3-110　吊坠效果

根据视图角度，设置灯光及材质，最终效果如图3-111所示。

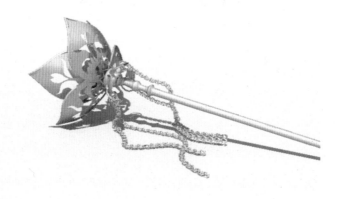

图3-111　最终效果展示

拓展知识

问题1：NURBS建模完成之后，只要进行移动、旋转物体，就会发生模型错位的现象。

答：做好模型之后要清除历史记录，并将要旋转、移动的物体打成一个组。在旋转、移动时要确定自己是选择的是组级别。

问题2：NURBS模型如何转换为Polygons模型？

答：选择Modify→Convert→NURBS to Polygons命令即可。

问题3：NURBS物体如果想要材质贴图怎么办？

答：对于单片NURBS物体，其贴图会非常容易，因为NURBS自带UV可以很方便地完成贴图。但对于复杂模型，如生物体，建模上要使用多片组合的，就需要使用映射。如平面、圆柱、球体等映射方式，这样可以把一个贴图给多个NURBS面。映射完成后再烘培，之后再根据烘培图来详细绘制其他贴图。

第4章

Maya多边形建模技术

内容介绍 本章节中通过三个项目案例由简入深完成 Maya 多边形建模技术内容的综合学习，包含了道具制作、场景制作、卡通角色制作等环节。

学习目标 掌握多边形基本几何体的属性，掌握多边形建模的基本命令和常用工具的使用方法，能够熟练运用这些工具制作出符合标准的三维模型。掌握根据摄像机镜头制作不同景别的场景模型，掌握根据人物布线原则制作出卡通类人物模型及写实类人物模型。通过项目教学不单要学会如何去做，重要的是学会如何去思考。

学习建议 （1）为了保证动画的制作和 UV 编辑，多边形建模时尽量保持四角面，布线均匀流畅，尽力避免断线的出现；在造型效果的基础上，模型的面数不宜过多，过多的面数会增加模型的数据量，造成场景文件过大。

（2）在完成场景文件制作后应该优化场景，将场景中无用的节点删除。

（3）多参考优秀作品，分析布线原理和规律会大大提高制作效率和制作效果。

建议学时 36 学时。

本节主要学习任务是熟练掌握多边形的基本属性参数的修改，熟悉多边形模型的点、边、面的调节，熟练掌握Polygon建模技术的常规命令和基本工具的使用，为下一环节的任务打下扎实的理论基础。

4.1.1 软件历史及现状

在Maya中，Polygon（多边形）是一种典型的几何类型，用户可以用来自由地创建各种三维模型，是一种非常快捷的建模形式。

Polygon是一种表面几何体，它是由一系列三边或多边的空间几何表面构成的，这些几何表面都是直边面，与NURBS使用的圆滑的几何结构有本质的区别。形象地说，可以想象空间中分布有若干个点，用直线将这些点首尾相接后得到的一个空间网架的结构，再由面来填充这些结构线，这样所构成的封闭空间就是一个Polygon对象，也可以说Polygon是由顶点与边定义而来的。

Vertex（顶点）、Edge（边）、Face（面）是构成多边形的三大要素，也是调整多边形结构的重要依据。如图4-1所示，右击选择一个多边形物体后，在弹出的对话框中可以切换选择多边形的点、边、面。

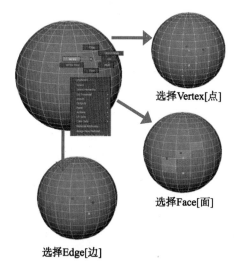

选择Vertex[点]

选择Face[面]

选择Edge[边]

图4-1 多边形的元素

4.1.2 创建多边形

用户可以直接创建Maya中预设的3D几何形体，这些几何形体被称为基本几何体。

选择Create→Polygon Primitives（创建→多边形几何体）命令，或在工具架上直接单击快捷图标均可得到想要的多边形几何体，如图4-2所示。

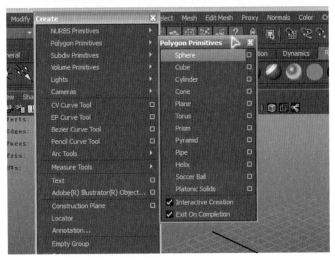

图4-2 创建多边形

MAYA中有12种基本多边形几何体：Sphere（球体）、Cube（立方体）、Cylinder（圆柱体）、Cone（圆锥体）、Plane（平面）、Torus（圆环）、Prism（棱柱）、Pyramid（棱锥）、Pipe（管状体）、Helix（螺旋体）、Soccer Ball（足球）、Platonic Solids（柏拉图多面体），如图4-3所示。

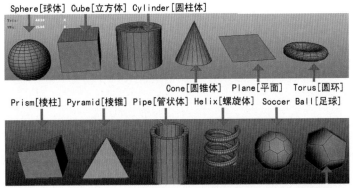

图4-3 多边形类型

4.1.3 基本多边形对象的通用参数

Radius（半径）：球体、圆柱体、圆锥体、环状体、管状体、足球、柏拉图多面体都可以使用半径来定义物体的大小。

Axis（轴）：定义基本物体的轴向。

Divisions（分段数）：物体在不同方向上的段数，段数越高物体越光滑，反之越粗糙。

Round Cap（圆盖）：此参数允许给特定几何体的顶面加圆盖，圆柱体、圆锥体、管状体和螺旋体都有此项选择。

4.1.4 多边形对象的个性参数

1. Sphere（球体）

Radius：多边形球体的半径。

Axis Divisions：控制球体经向分段数。

Height Divisions：控制球体纬向分段数，如图4-4所示。

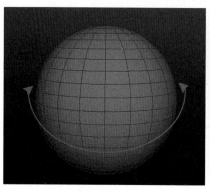 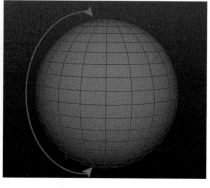

经向分段   纬向分段

图4-4 多边形经、纬向分段

2. Torus（圆环）

Section Radius：截面半径，数值为圆环截面半径与圆环半径的比值。

3. Pyramid（棱锥体）

Number of sides in base：棱锥底面的边数。图4-5所示为棱锥底面的边数分别参数值为3、4、5时模型的形状。

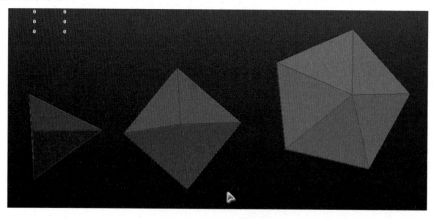

图4-5 不同边数形态

4. Pipe（管状体）

Thickness：管状体的壁厚，数值为管状体壁厚与管状体半径的比值。

5. Helix（螺旋体）

Coils：螺旋体的螺旋数，数值越大，螺旋数量越多，如图4-6所示。

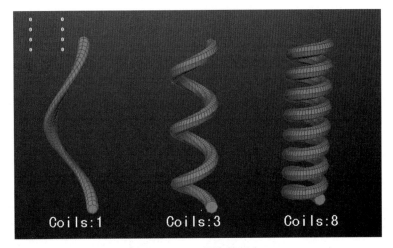

图4-6　不同螺旋数形态

4.1.5　多边形的常用命令

　　多边形建模的命令主要包含在主菜单栏的Mesh（网格）和 Edit Mesh（编辑网格）中，如图4-7所示，在此选取其中应用频率较高的命令简单介绍其功能。

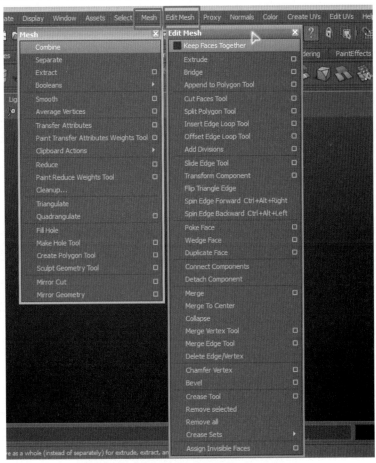

图4-7　常用命令菜单

1．Mesh（网格）菜单下主要命令

（1）Combine（合并）命令：将两个或两个以上的多边形物体合并成一个多边形物体，如图4-8所示。

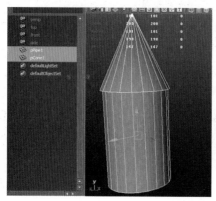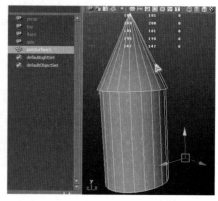

图4-8　合并多边形

（2）Booleans（布尔运算）命令：两个模型组合一起并产生新的造型，图4-9所示为分别在union（并集）、difference（差集）、intersection（交集）作用下产生的效果。

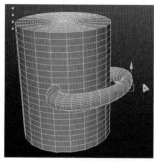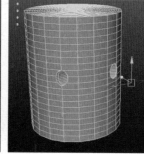

图4-9　布尔运算效果

（3）Create Polygon Tool（创建多边形）命令：可以建立自由开关的平面图形，按【Enter】键后确定操作。常用于制作不规则的物体造型，如图4-10所示。

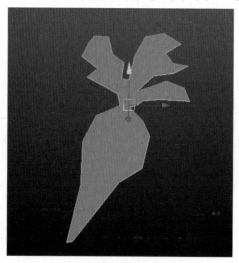

图4-10　创建多边形

（4）Mirror Geometry（镜面几何体）命令：制作对称模型时常用到的命令，通常只需制作好一半的模型后，用此工具把另外一半镜像复制并自动焊接好中间的接点。

（5）Smooth（圆滑）命令：多边形模型在拓扑结构完成后，通常要进行圆滑以确定最后的造型。圆滑后面数会增多，但表面呈光滑化。由于圆滑是在当前模型面数的基础上进行细分，所以外表一致的模型由于面数和布线位置不同，在圆滑后的效果也各不相同，如图4-11所示。

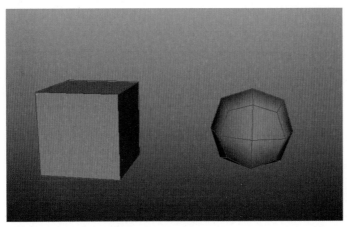

图4-11　圆滑前后对比

（6）Paint Selection Tool（画笔选择工具）命令：可以在多边形上刻画出更多的细节，使用该命令的前提是多边形物体有足够的面数，如图4-12所示。

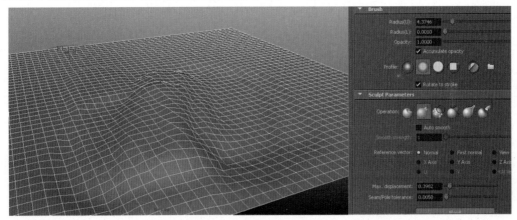

图4-12　画笔工具雕刻效果

2．Edit Mesh（编辑网格）菜单下主要命令

（1）Extrude（挤出）命令：该命令是多边形建模的核心命令，可以对点、边、面进行挤出，从而塑造出各种造型。挤出时可以沿物体表面法线方向挤出，也可以按世界坐标的方向挤出，单击带小杆的圆圈可以切换这两种挤出模式，如图4-13所示。执行命令后，在原物体表面可产生一层面或线，但其外形并不改变，需要用移动或缩放工具将其拖动才可显示。初学者常容易无意中挤出多个面而不发觉，以致后面操作时会发生出错现象。

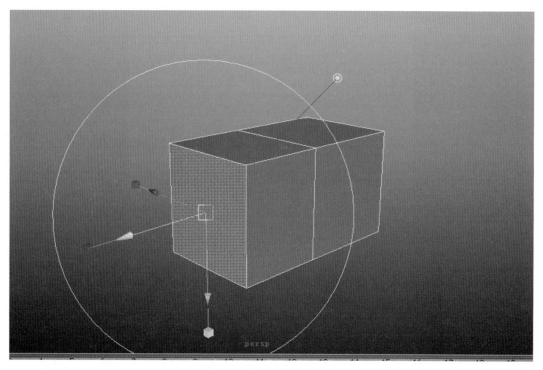

图4-13　挤出

（2）Keep Face Together（保持面一起）命令：激活Keep Face Together命令时，所选择相邻的面都视为同一个整体面操作，面与面之间没有间隔。取消激活时，所选择的每一个面呈分散状态，各有独立间隔，如图4-14所示。

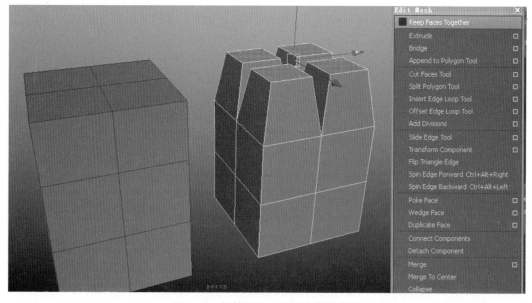

图4-14　保持面在一起后的挤出效果

（3）Append to Polygon Tool（追加多边形工具）命令：在多边形的边缘增加一个面，常用于连接两个相对的边，使其形成面。

（4）Split Polygon Tool（分割多边形工具）命令：该命令是多边形建模的重要命令，可以将面自由分割为各种形态。采用默认参数时，分割点只能在边上操作，取消选中属性面板中的Split only from edges（只在边上分割）复选框，分割点的位置可以在面的任何位置产生，如图4-15所示。

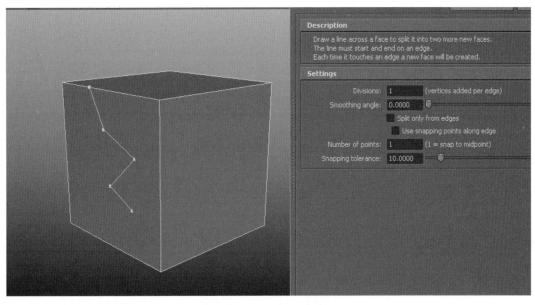

图4-15　分割多边形

（5）Cut Faces Tool（剪切面工具）命令：用直线方式将所选的面进行分割，虽然物体背部看不到，但被选择的面受影响，不被选择的面则不受影响。在对造型复杂的物体加线时常用该工具，如图4-16所示。

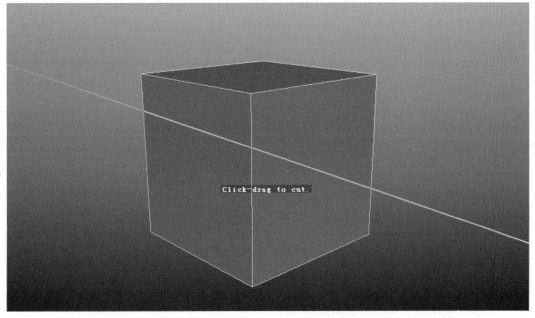

图4-16　剪切多边形

（6）Insert Edge Loop Tool（插入循环边工具）命令：插入一圈线，用于增加物体的段数。为保持光滑后的物体边缘有一定的硬度，常在边缘处添加一圈线，是使用率很高的工具，如图4-17所示。

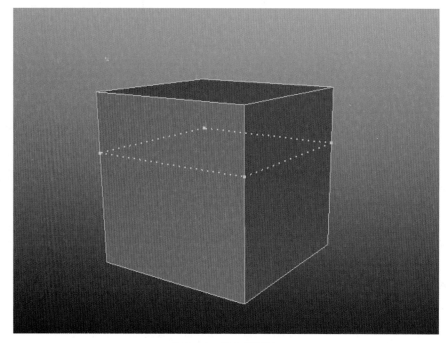

图4-17　插入循环边

（7）Merge（合并工具）命令：将两个点或两条线合并在一起，也可以设置参数将一定距离内所有点或线合并一起，如图4-18所示。用镜像实例并联制作的物体，也常用这个命令将两半模型的边缘点合并为一体。该命令必须在同一个物体上操作才有效果，如果是不同的两个物体，需要先用Combine（合并）命令组合为同一物体。

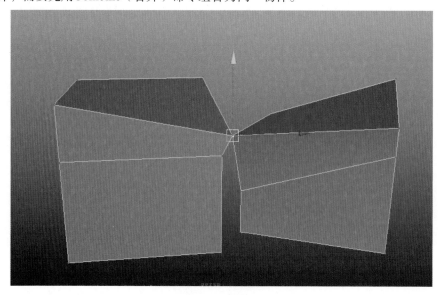

图4-18　合并点

（8）Bevel（倒角）命令：可以将模型上的边制作出倒角的效果，如图4-19所示。

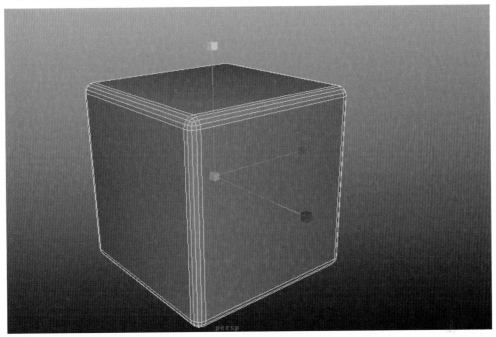

图4-19　倒角效果

|4.2| 仿古条案模型制作

　　本节将完成仿古条案的模型制作，分析制作模型构成，明确制作思路，确定仿古家具的主体结构以及复杂木刻花纹的制作步骤及方法。使用Extrude（挤出）、Bevel（倒角）、Insert Edge Loop Tool（插入循环边）等命令制作模型。

　　1. 制作书案

　　（1）在透视图中，选择Create→Polygon Primitives→Cube（创建→多边形→立方体）命令，创建立方体，按快捷键【Ctrl+A】打开通道栏修改属性：Width（宽度）为60，Height（高度）为4，Depth（深度）为30，Subdivisions Width（宽度段数）为3，Subdivisions Height（高度段数）为1，Subdivisions Depth（深度段数）为1，如图4-20所示。

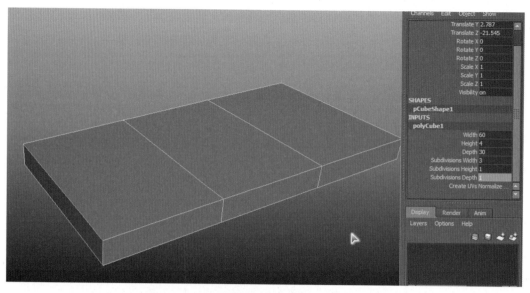

图4-20 创建多边形

（2）在顶视图中，右击立方体，选择立方体上的点，按快捷键【R】，沿着X轴的方向缩放，如图4-21所示。

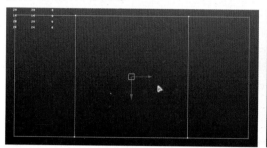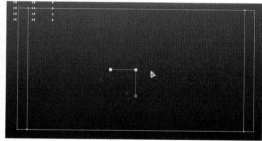

图4-21 调整点

在透视图中，选择立方体上的边缘的4个点，沿着Y轴向下移动，如图4-22所示。

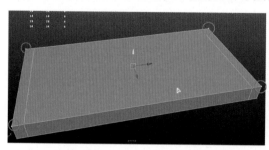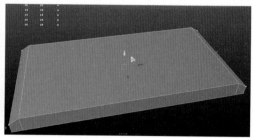

图4-22 调整形态

（3）如图4-23所示，选择多边形上的面，在Edit Mesh（编辑网格）菜单中选择Extrude（挤出）命令，打开属性设置面板，修改部分属性如下：Divisions（段数）为3，Smoothing angle（光滑角度）为30，如图4-24所示。

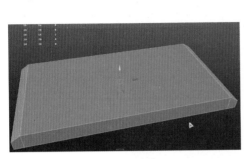

图4-23　选择面　　　　　　　　　　　　　　　　　图4-24　挤出面属性设置

（4）在透视图中沿着Z轴方向将挤压出的面拉出，如图4-25所示。

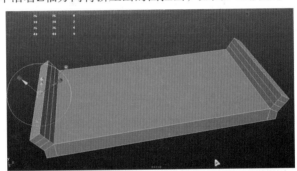

图4-25　挤出效果

（5）如图4-26所示，选择挤出的两个侧面，再次选择Edit Mesh→ Extrude（编辑网格→
挤出）命令。

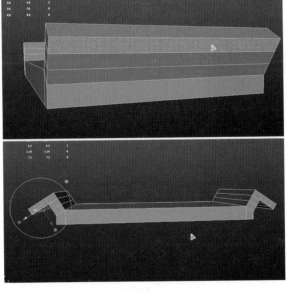

图4-26　挤出侧面

选择边缘的两个面，调整Extrude（挤出）参数设置，将Divisions（段数）调整为1，其他参数不变。再次选择Edit Mesh→ Extrude（编辑网格→挤出）命令，如图4-27所示。

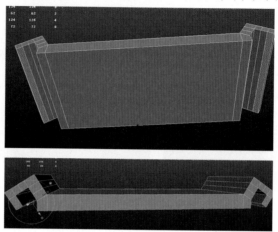

图4-27　挤出效果

（6）选择最上面的面，选择Edit Mesh→ Extrude（编辑网格→挤出）命令，单击缩放手柄，使挤压出的面略微小一些，按快捷键【G】再次执行挤出命令，沿着Y轴向下稍微移动，形成一个凹下去的面，整个过程如图4-28所示。

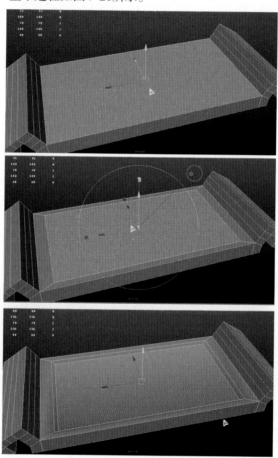

图4-28　效果展示

（7）如图4-29所示，选择桌面的所有边，选择Edit Mesh→Bevel（编辑网格→倒角）命令，将Width（宽度）设为0.5，Segments（段数）设为2，如图4-30所示。倒角效果如图4-31所示。

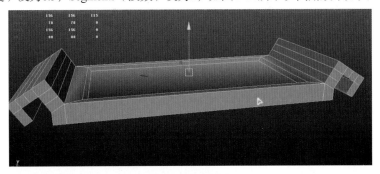

图4-29　倒角

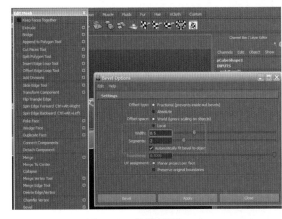

图4-30　参数设置

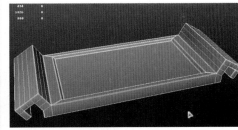

图4-31　倒角效果

（8）创建一个Cube（立方体），用来制作书桌的桌腿部分，调整属性为Width（宽度）为3，Height（高度）为12，Depth（深度）为3，Subdivisions Height（高度段数）为3，如图4-32所示。

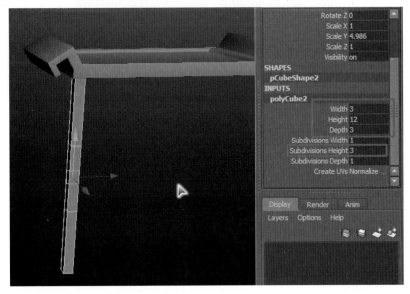

图4-32　制作桌腿

在侧视图中选择桌腿上的点，沿Y轴移动到相应的位置，如图4-33所示。

选择Edit Mesh→Insert Edge Loop Tool（编辑网格→插入循环边工具）命令，插入5条循环边，如图4-34所示。

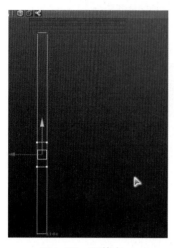
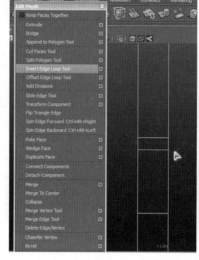

图4-33　调整点　　　　　　　　　　　　　　　图4-34　插入循环边

如图4-35所示，选中要修改的点，沿中心统一缩小，修改桌腿的形态。

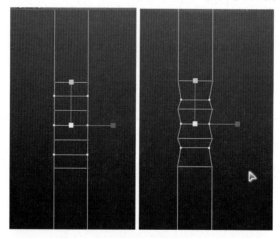

图4-35　调整形态

（9）在顶视图中，将桌腿另外关联复制出3个，摆到对应的位置，如图4-36所示。

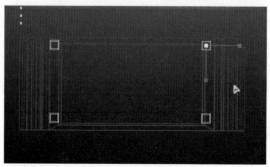

图4-36　复制桌腿

将创建的所有物体组合成组并添加到Layer1中，以线框形式显示，如图4-37所示。

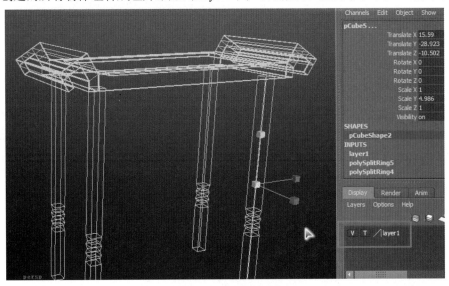

图4-37　添加入图层

2. 制作书案镂空装饰

（1）创建一个Cube（立方体），如图4-38所示，调整属性为Width（宽度）为5，Height（高度）为1，Depth（深度）为1.5。

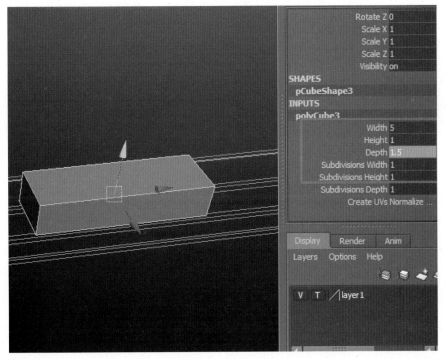

图4-38　创建立方体

选择Edit Mesh→Insert Edge Loop Tool（编辑网格→插入循环边工具）命令，插入一条循环边，如图4-39所示。

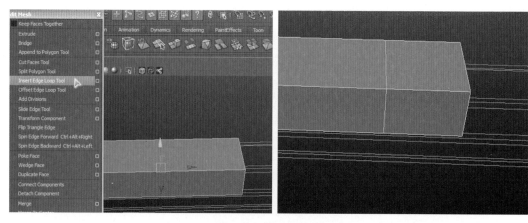

图4-39 插入循环边

　　如图4-40所示，选择对应的面，选择Edit Mesh→ Extrude（编辑网格→挤出）命令，切换控制手柄，将面拉出，效果如图4-41所示。

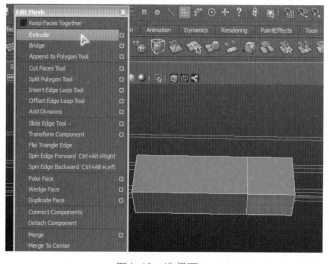

图4-40 选择面

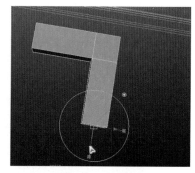

图4-41 挤出

　　（2）再次选择 Insert Edge Loop Tool（插入循环边）命令，如图4-42所示。选择插入边后形成的两个面，在Edit Mesh中，将Keep Faces Together（保持面的一致性）选项关闭，选择Extrude（挤出）命令，将挤出的面拉出，如图4-43所示。

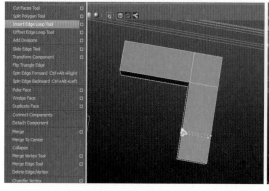

图4-42 插入循环边

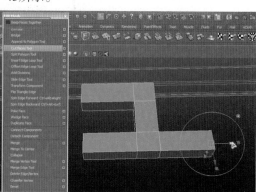

图4-43 挤出面

如图4-44所示，选中两个面，再次选择挤出命令，效果如图4-45所示。

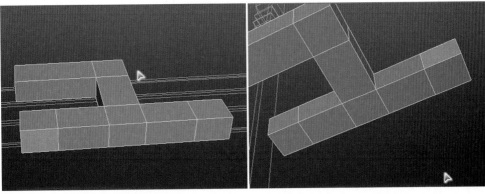

图4-44　选择两侧面	图4-45　挤出效果

如图4-46所示，选择中间的面，挤压后添加一条循环边，效果如图4-47所示。

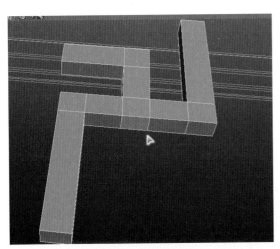
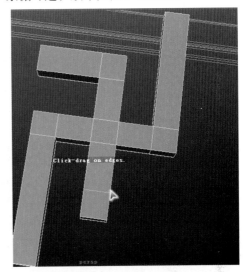

图4-46　选择面	图4-47　增加循环边

选择面后，选择挤压命令，调整挤压面的长度，如图4-48所示。

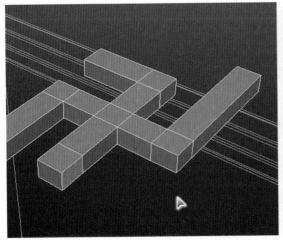

图4-48　挤压效果

（3）在顶视图调整模型的细节，如图4-49所示。将模型镜像复制出一个，如图4-50所示。

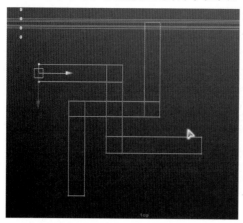
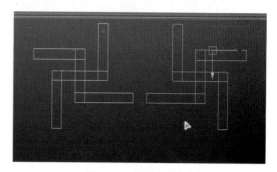

图4-49　调整细节　　　　　　　　　　　　　　　图4-50　镜像复制

创建一个立方体，调整参数设置：Width（宽度）为32、Height（高度）为1.5、Depth（深度）为2，如图4-51所示。将3个多边形物体成组后，重命名为"z1"，并恢复中心点，如图4-52所示。

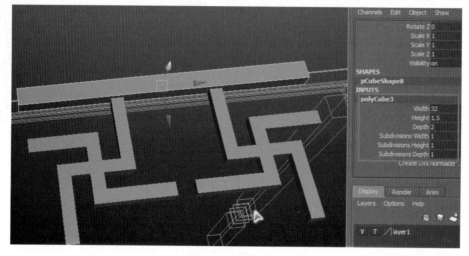

图4-51　创建立方体

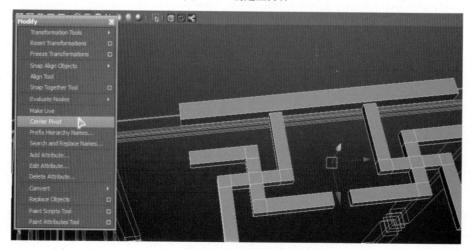

图4-52　恢复中心点

（4）将z1复制出5个，排列好位置，如图4-53所示。复制图中选择的几何体，旋转90°，通过调整点来拉伸立方体的长度，如图4-54所示。

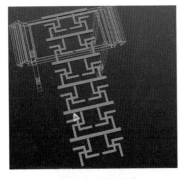
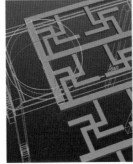

图4-53　复制几何体　　　　　　　　　　图4-54　调整几何体

复制立方体，摆放位置效果如图4-55所示。将所有几何体打组，重命名为"gezi"，缩放大小，调整比例，摆放到如图4-56所示的位置。

图4-55　调整位置　　　　　　　　　　图4-56　最后效果

4.3 动画场景建模

本节综合利用多边形建模的工具，完成一个具有明显中国风格的动画场景模型，并确定摄像机角度，确定场景需求，分析近景、中景、远景及特写等不同景别对模型、细致程度的不同要求。在同一场景中，由于摄像机镜头的取景有远近之分，为了保证场景文件数据量适当，不同景别对模型的制作要求也不一致，一般来说，特写镜头、近景要求模型制作非常精良，细节程度很高，中景次之，远景一般不对细节做过多的设计与制作。

4.3.1　制作工程目录

制作一个项目时会创建一个独立的工程目录，以方便进行文件的管理。

选择File→Project→New（文件→工程项目→新建）命令，修改Name（命名）为"game scenes"；Location（路径）为F:\gc；单击Use Defaults（使用默认选项）按钮后再单击Accept

（接受）按钮，如图4-57所示。

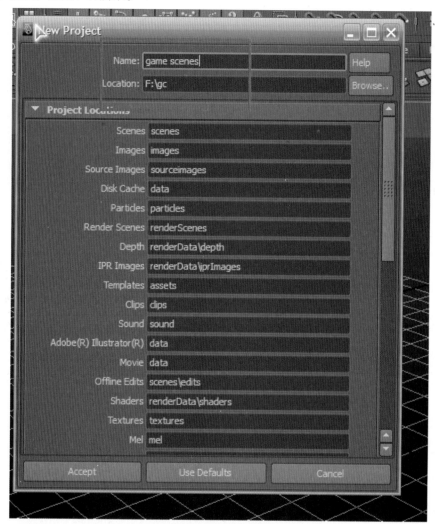

图4-57　设置工程目录

4.3.2　创建摄像机视图

在建模最初，首先创建一个摄像机，首先设置摄像机视图有两个原因，第一可以在整个制作过程中先确定好场景画面的构图，其次可以忽略不会出现在摄像机视图内的模型，减少工作量。

制作场景模型的原则是，越靠近摄像机的模型细节要求越高，越远离摄像机的细节要求越少，这也是为了减少建模工作量和场景优化的需要。

（1）选择Create→Camera→Camera（创建→摄像机类型→摄像机）命令，在透视图切换到camera1视图，选择View→Camera Settings→ Resolution Gate（视图→摄像机设置→显示分辨率）命令，如图4-58所示。

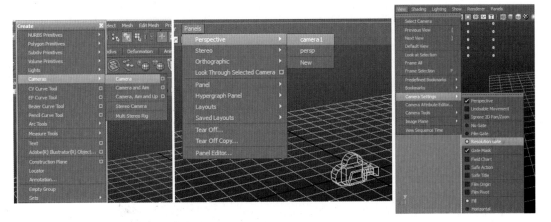

图4-58　创建摄像机

（2）调整好camera1的机位，显示的分辨率框将是整个场景的制作空间，如图4-59所示。

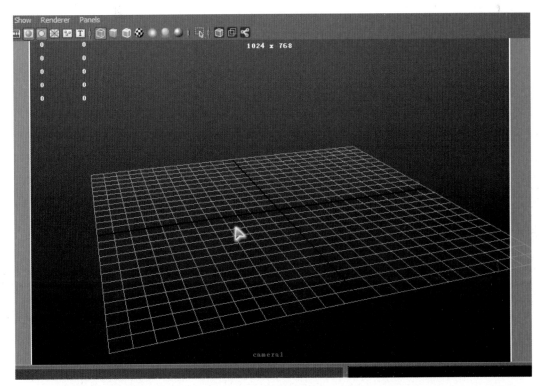

图4-59　调整摄像机

（3）选中camera1，在通道栏中选择摄像机移动、旋转、缩放的所有轴向右击，在弹出的菜单中选择Lock Selected（锁定选择物体）命令，将中camera1锁定，如图4-60所示。

图4-60　锁定摄像机属性

4.3.3　场景设置与制作

1．创建模型基本结构

（1）创建地面结构模型

① 创建一个Planer（平面）以来模拟地面，在场景中将主体建筑物暂时用3个Cube（立方体）确定位置、方向、大小、比例，如图4-61所示。

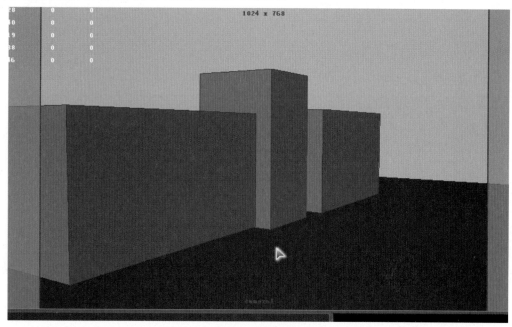

图4-61　基本结构

② 选择Cube1，打开通道栏的INPUTS下的构建属性，调整Cube1的分段数，Subdivisions Width（宽度系数）为1；Subdivisions Height（高度段数）为4；Subdivisions Depth（深度段数）为5，如图4-62所示。

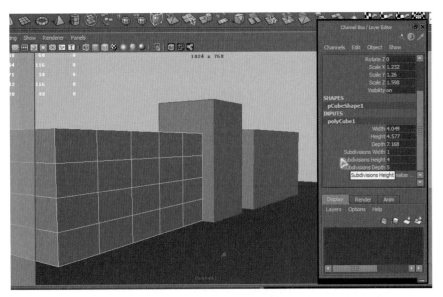

图4-62 设置Cube1参数

③ 调整Cube1的点，如图4-63所示，并将camera1视图中显示不到的面全部删除，如图4-64所示。

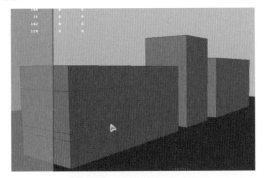

图4-63 调整结构

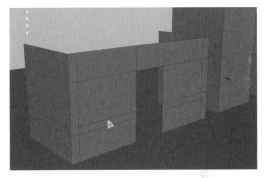

图4-64 删除面

（2）制作屋顶瓦状结构模型

① 创建一个Planer（平面），调整Subdivisions Height（高度段数）为40，如图4-65所示。

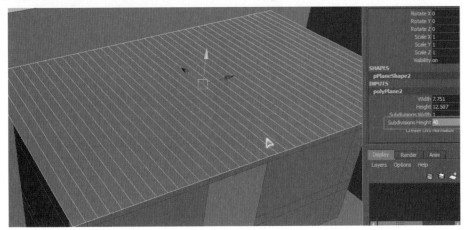

图4-65 创建屋顶平面

右击平面进入边编辑模式，每隔两条边选择一条边，并沿着Y轴方向向下拖动，将屋顶的起伏感制作出来，如图4-66所示。

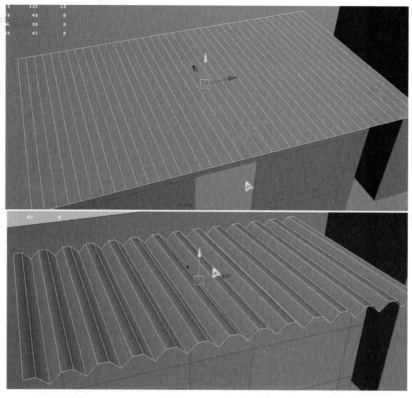

图4-66　调整屋顶边

将平面沿Z轴旋转30°，选择Insert Edge Loop Tool（插入循环边工具）命令，均匀地在平面上插入若干条循环边，效果如图4-67所示。

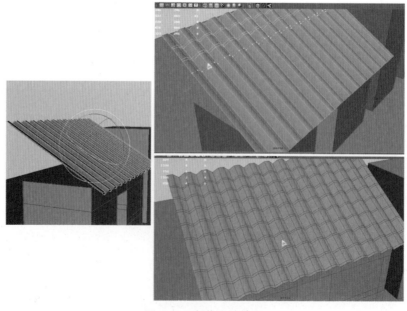

图4-67　制作瓦片效果

② 选择一条边，按方向键【←】可将与此边相连的循环边整体选中。并将此边沿着Y轴方向略微向下拉，沿X轴方向略微向里推，模拟制作出瓦片的起伏叠加感，如图4-68所示，

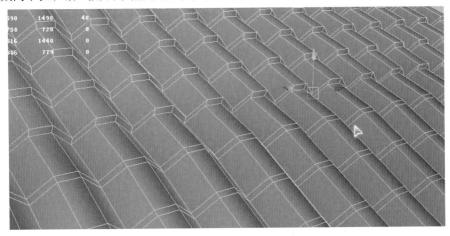

图4-68　制作瓦片起伏效果

逐一进行修改，最终效果如图4-69所示。

图4-69　瓦片效果展示

③ 创建一个新的Cube，调整Subdivisions Width（宽度段数）为8，效果如图4-70所示。

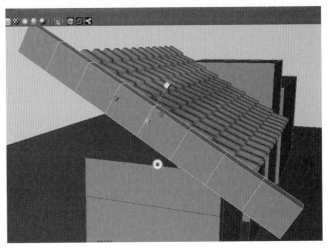

图4-70　房椽

双击移动工具，在其属性面板中选中Soft Select（软选择）复选框，如图4-71所示。调整新建Cube上的点，使其尽量与屋顶的角度匹配，如图4-72所示。

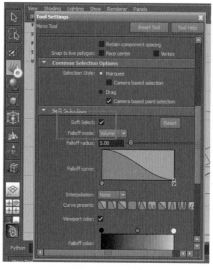

图4-71 软选择

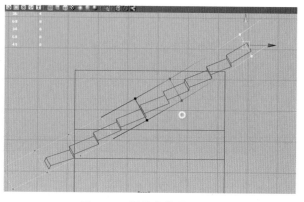

图4-72 调整房椽结构

要点提示

Soft Select（软选择）快捷键为【B】在移动工具的属性中选中reflection，然后再在reflection axis中选择对称，可对称调节。

将调整好的模型复制出一个，摆放到屋顶的另一侧，如图4-73所示。

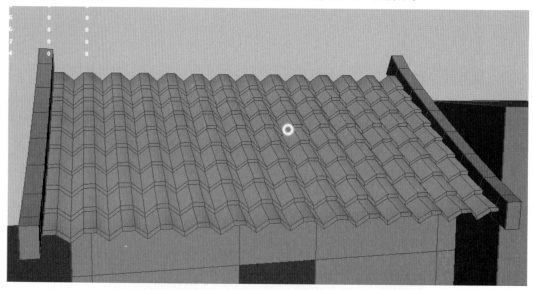

图4-73 房椽摆放位置

④ 再创建一个Cube，调整Subdivisions Depth（深度段数）为4。将视图无法显现的面删除掉，调整结构点，过程及效果如图4-74所示。

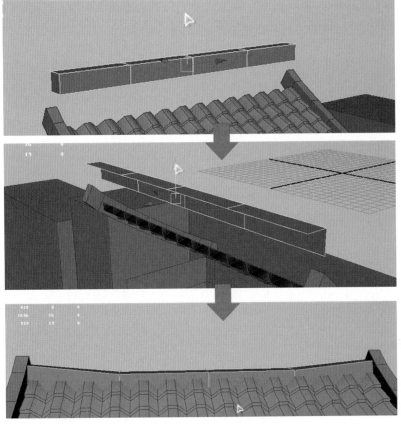

图4-74　创建屋脊

最后将屋顶模型整体打一个组，删除历史记录，恢复中心点。

2. 近景模型细致刻画

场景模型建模的基本原则在本章最初曾提到过，靠近摄像机的模型需要细致刻画，特别是需要注意模型中存在的细节。

（1）创建一个Cube调整其大小、位置，如图4-75所示。

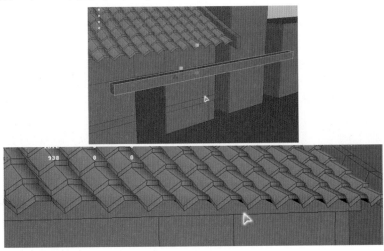

图4-75　枋的位置

复制调整好的Cube，旋转90度，调整大小、位置。复制该物体，在复制属性中调整参数：Translate Z为0.5，Number of copies为20，如图4-76所示。

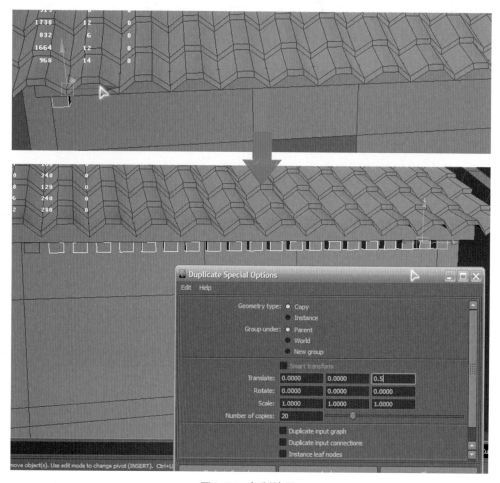

图4-76　复制效果

（2）选中面，选择Extrude（挤出）命令，将房屋的突出墙体制作出来，如图4-77所示。

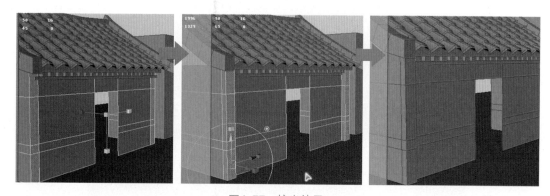

图4-77　挤出效果

（3）选择两个面，按【G】键再次执行挤出命令，并将挤出的两个面删除，如图4-78和图4-79所示。

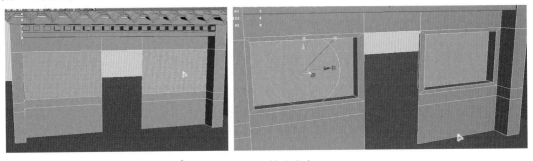

图4-78　挤出窗户

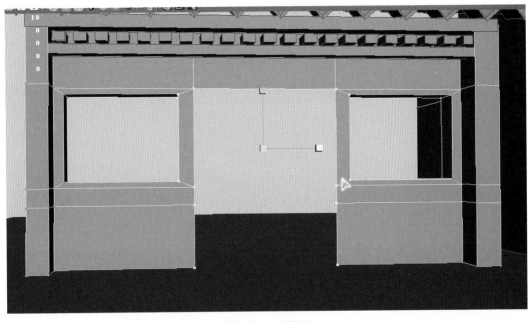

图4-79　删除面

（4）创建一个Cube，通过复制、调整摆放位置，形成窗框，如图4-80和图4-81所示。

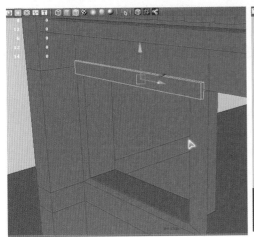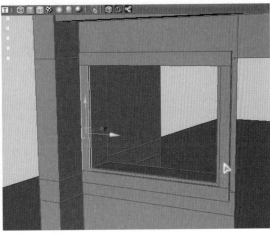

图4-80　制作窗框1

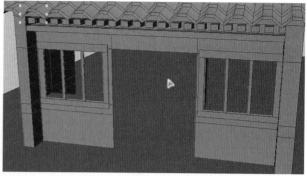

图4-81 制作窗框2

通过多边形之间的布尔运算和形体之间的复制、排列，得到古典窗棂，如图4-82和图4-83所示。

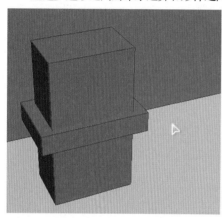

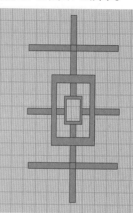

图4-82 制作窗棂

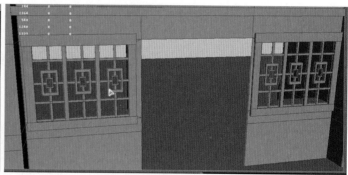

图4-83 摆放窗棂

🔔 要点提示

布尔运算包括Union（融合）、Difference（相减）、Intersection（相交）三种类型。是非常常用的命令。但执行布尔运算通常会出现运算错误，即无法得到正确运算结果。

建议在进行运算的时候，清除物体不必要的历史记录，或者尽量让物体简化。比如复杂物体运行布尔运算，可将不参与计算的部分，暂时先和参与计算的部分分离开来，布尔运算后再将分离部分合并在一起。这样做一是为了减少出错率，二是为了减少计算时系统的压力。

按图4-84所示制作出门，并将门摆放成图4-85所示的效果。

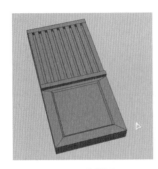

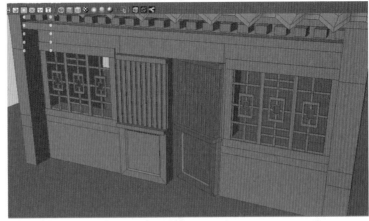

图4-84　制作门　　　　　　　　　　　　　　图4-85　摆放门效果

（5）将房屋整体选中，按【Ctrl+G】组合键成组，并将模型复制，调整大小与位置，效果如图4-86所示。

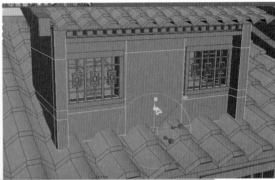

图4-86　房屋整体效果

在利用Polygon建模技术制作模型时，通常是需要观察、计算、控制整个场景文件的面数的。打开Display→Heads Up Display→Poly Count（显示→平视显示→面总数），可在视图左上角实时显示场景中的面数等信息。

继续给房屋添加侧墙、柱子、台阶等结构，如图4-87和图4-88所示。

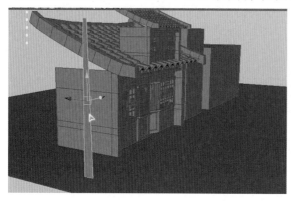

图4-87　增加结构

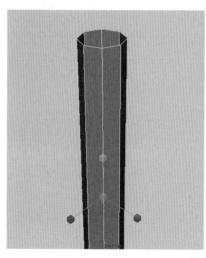

图4-88　增加房柱

3. 中景模型制作

（1）中景模型中，在构图中着重显示屋顶的结构。首先创建一个Polygon的圆柱体。将圆柱体删除一半的面，如图4-89所示。

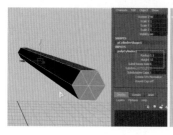

图4-89　调整圆柱体结构

选中多边形的一个边，执行挤出命令。挤出的距离与圆柱体的宽度基本一致，如图4-90所示。

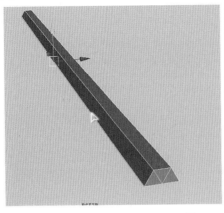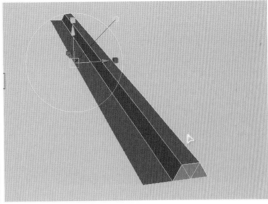

图4-90　调整圆柱体结构

复制该物体，选择Mesh→Combine（网格→合并）命令，这时候的两个物体已经结合为一个物体，但临近的点需要进行焊接，选中两个点，选择Edit Mesh→Merge（编辑网格→焊接）命令，如图4-91所示。

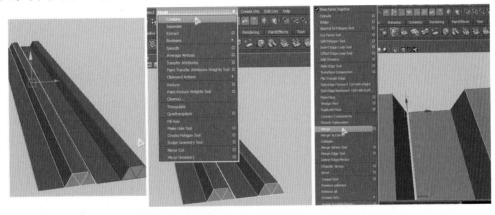

图4-91　合并形体

反复执行如上操作，得到图4-92所示的模型，并删除历史记录。

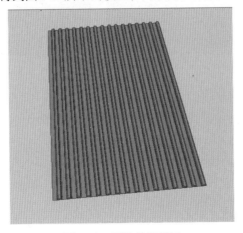

图4-92　瓦片效果展示

选择Edit Mesh→Insert Edge Loop Tool（编辑网格→插入循环边工具）命令，在模型的中心插入一组循环边，并将该边沿着Y轴方向拉出一定的高度，如图4-93和图4-94所示。

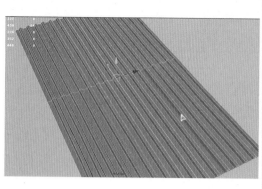 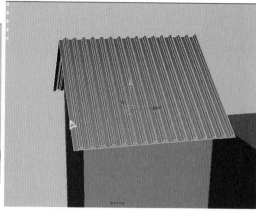

图4-93　调整屋顶效果

（2）为中景的房屋添加结构细节。如图4-95所示，将中景房屋的窗户、栏杆等模型制作出来。

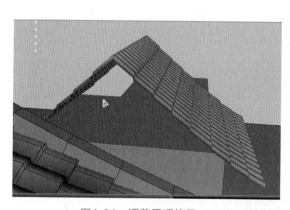

图4-94　调整屋顶效果

图4-95　制作细节

4. 环境道具及细节的制作

切换到摄像机的角度，发现场景中有些空，通过摆放一些道具物体，改善构图的不足。

（1）用Create Polygon Tool命令创建一个Polygon的形体，结合Extrude、Smooth命令调整其形状。选择物体和房子，选择布尔运算中的Difference（相减）命令，得到墙体残破的感觉。运用同样的方法，制作出窗框、台阶、柱子破损的形态，如图4-96所示。

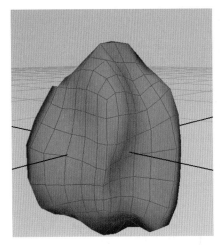
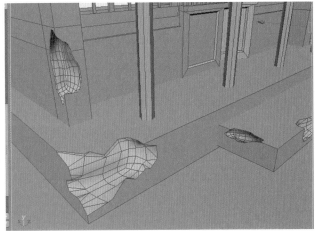

图4-96　刻画细节

（2）观察视图，利用Maya的Polygon建模命令，制作出场景里其他的道具、地面、远山效果，如图4-97所示。

图4-97　模型概貌

在场景制作完成之后，选择File→Optimize Scene Size（文件→优化场景）命令。优化场景可以使场景文件中无用的节点自动删除，是场景保存前的最后一步，如图4-98所示。

根据设定，为场景设置灯光，最终场景完成效果如图4-99所示。

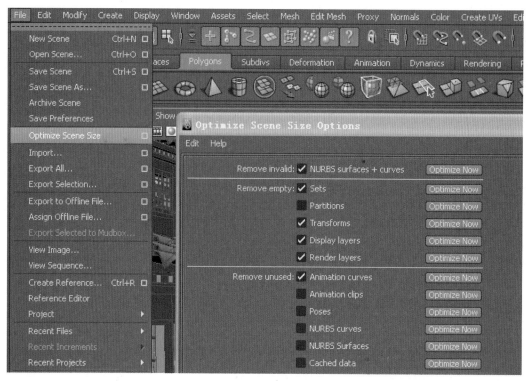

图4-98　优化场景

图4-99　最终效果

4.4　卡通角色建模

本节利用Polygon建模技术，完成卡通人物模型的建模工作。掌握人物模型面部、躯干的布线原理，完成卡通人物三维模型的制作。制作内容包括人物的头部、躯干、四肢、服饰道具等。制作过程难度并不大，使用的Polygon工具及命令也不多，但整体完成有一定的难度。这主要是因为我们开始从机械、规则的几何体模型建模，开始过渡到灵活的生命体模型建模。卡通角色虽然对人物的比例、结构要求没有写实类人物那么精准，但其制作过程、布线原理、骨骼组成等却与写实类人物一脉相承。

1. 人物头部创建

（1）在视图中创建4×3×2的Cube（立方体），用来制作人物的基础头部模型，如图4-100所示。

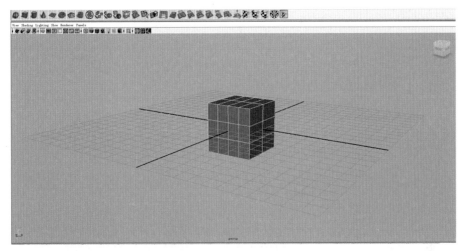

图4-100　建立初始模型

在侧视图中调整模型的侧面，使其符合人物头部的特征，如图4-101所示。

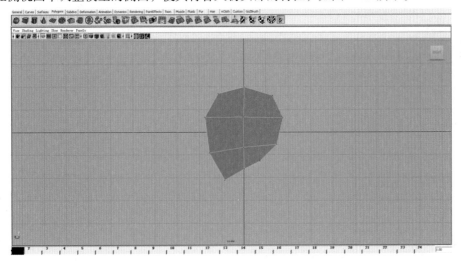

图4-101　调整模型侧面

由于人的面部是左右相对对称的，所以只需要制作一侧的面部即可。将调整后的模型删除一半，如图4-102所示。

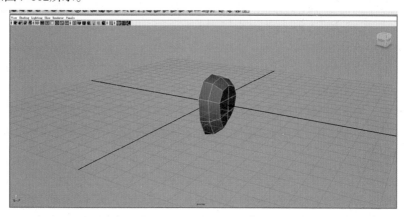

图4-102　删除一半模型

选择Edit→Duplicate Special（编辑→特殊复制）命令将模型进行对称关联复制，如图4-103和图4-104所示。

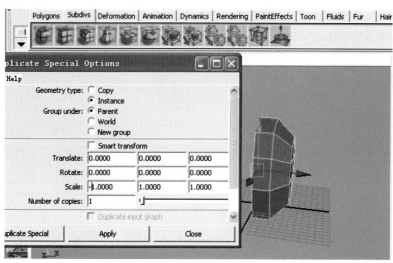

图4-103　设置关联复制

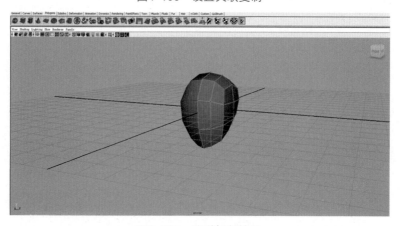

图4-104　关联复制结果

（2）使用Split Polygon Tool（分割多边形工具）在如图4-105所示的位置进行切割，作为模型的眼部。并在眼部周围进行切割线，调整眼睛形状，如图4-106所示。

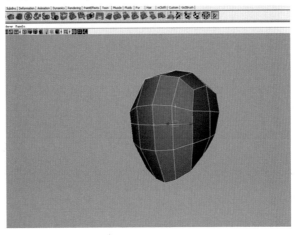

图4-105　对眼睛部位进行切割

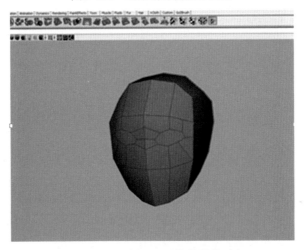

图4-106　切割眼周围线并调整形态

（3）按照如图4-107方式进行鼻子部位的切割，并挤出鼻子的基本形态。

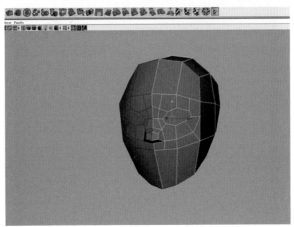

图4-107　挤出鼻子形态

在眼睛上方位置增加一条线，用于制作眉弓，并调整切割后的线，如图4-108所示。

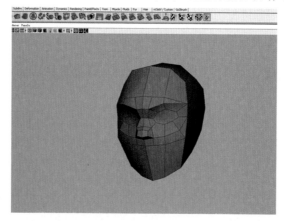

图4-108　制作眉弓

（4）将鼻子两侧线延长切割到图4-109所示的位置，用于制作嘴部。

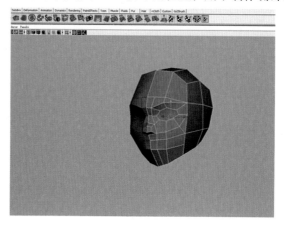

图4-109　切割延长线

切割嘴部位线，并调整嘴部形态，如图4-110所示。

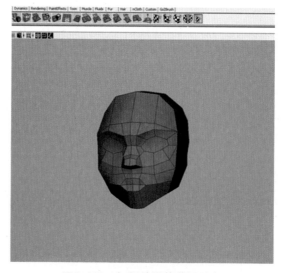

图4-110　切割并调整嘴部形态

继续在嘴部位内圈进行切割，做出上下嘴唇，如图4-111所示。

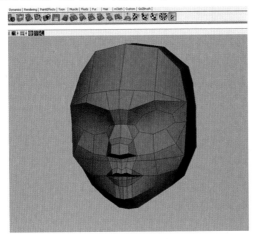

图4-111　切割嘴唇线

切割嘴唇外圈，并调整形态如图4-112所示。

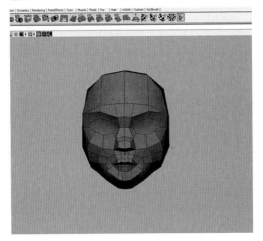

图4-112　调整嘴形态

（5）在额头增加一条线段，用于额头形态的调整，如图4-113所示。

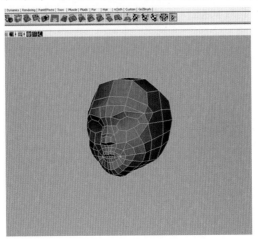

图4-113　切割并调整额头形态

将额头的线向下切割，可以增加脸侧部的线，并可以调整形态，如图4-114所示。

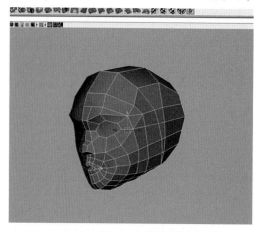

图4-114　切割脸侧面线

调整脸部侧面形态，如图4-115所示。

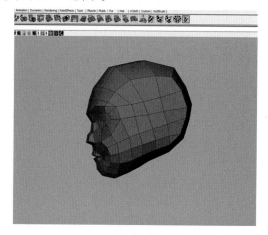

图4-115　调整脸侧面形态

（6）在头部模型底部挤出脖子，仔细调整脖子的形态，如图4-116和图4-117所示。

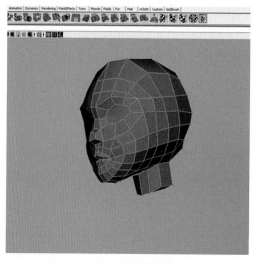

图4-116　挤出脖子

图4-117　调整脖子形态

2．身体部分制作

（1）创建Cube，分段效果如图4-118所示。

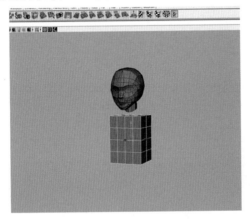

图4-118　创建分段Cube

同头部建模原理一样，删去该Cube的一半面，进行对称关联复制，准备制作身体模型，如图4-119所示。

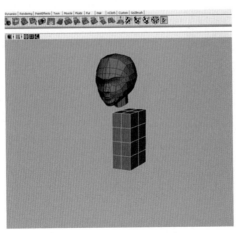

图4-119　关联复制

调整身体侧面形态，要注意人体脊柱是有弧度的，如图4-120所示。

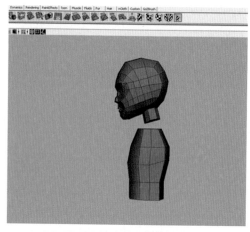

图4-120　调整身体侧面形态

调整身体正面形态，腰部调整收缩，如图4-121所示。

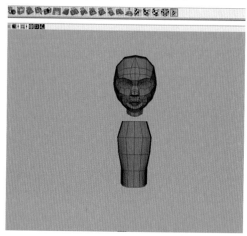

图 4-121　调整身体正面形态

删去脖子和身体部分的面，将脖子与身体相连处形态进行调整后，执行合并命令，并焊接重合点，效果如图4-122所示。

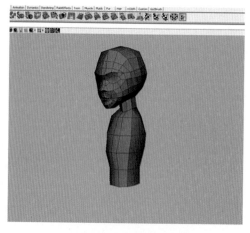

图4-122　合并脖子与身体

（2）调整肩部的形态，选中侧面两个面，制作人物肩部，如图4-123所示。

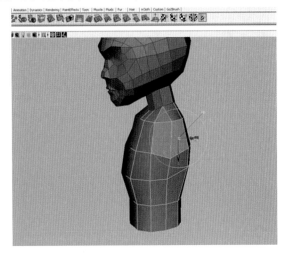

图4-123　制作人物肩部

在此位置挤出角色肩膀，并调整形态，如图4-124所示。

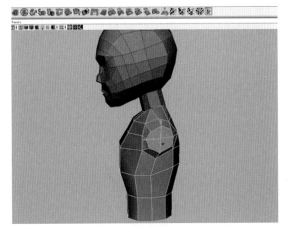

图4-124　调整肩部形态

按照人物手臂形态挤出模型，并调整胳膊形态，如图4-125所示。

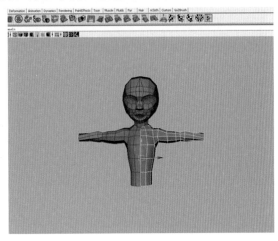

图4-125　挤出并调整胳膊形态

（3）从腰部开始挤出臀部与腿部分，并按照肌肉结构，调整形态，如图4-126所示。

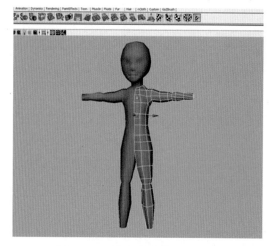

图4-126　挤出并调整臀腿形态

调整人物背面形态如图4-127所示。

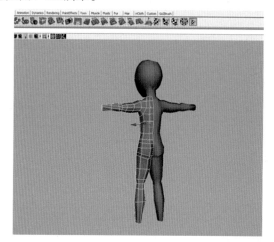

图4-127　调整背部形态

调整人物侧面形态，注意角色臀部及小腹的突起，如图4-128所示。

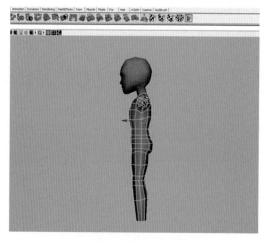

图4-128　调整人物侧面形态

（4）建立Cube，用于创建人物手掌，对Cube进行挤出操作。挤压出角色的手指，如图4-129和图4-130所示。

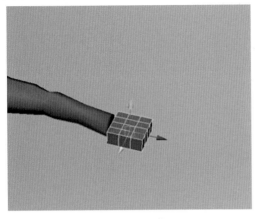

图4-129　创建手掌Cube

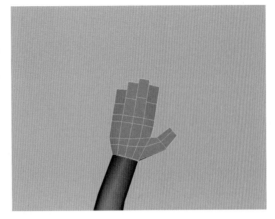

图4-130　挤出手指

（5）调整手掌形状，注意细节的刻画，如图4-131所示。

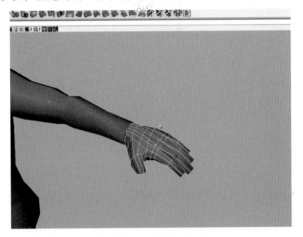

图4-131　调整手掌形状

（6）创建人物脚部，调节脚部形态，如图4-132所示。

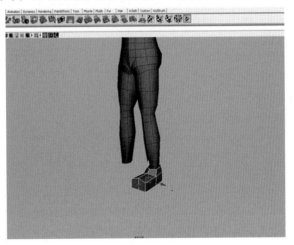

图4-132　创建人物脚部

调节脚部形状，将脚两侧形状稍稍调低，如图4-133所示。

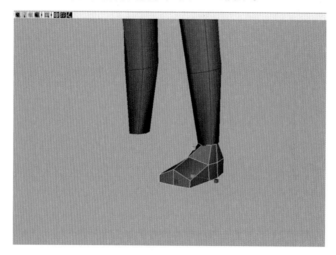

图4-133　调整脚部形状

对脚部模型进行切割，分出脚趾位置，如图4-134所示。

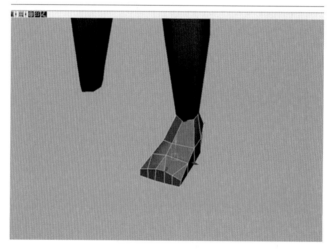

图4-134　切割分出脚趾位置

将切割出的面进行挤出操作，制作角色脚趾，如图4-135所示。

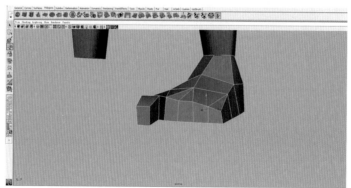

图4-135　切割面并挤出脚趾

如图4-136所示，制作其余脚趾。

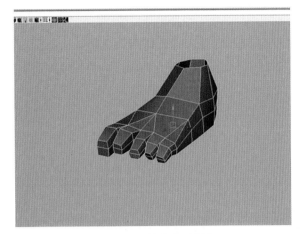

图4-136　其余脚趾制作

复制手与脚的模型与身体合并，并焊接重合点，如图4-137所示。

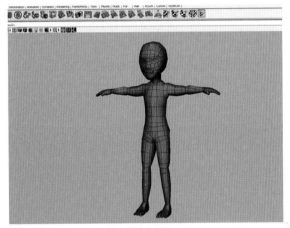

图4-137　合并模型

3．面部的进一步加工

（1）对人物脸部进行进一步加工，在人头模型上直接制作耳朵，人头模型初始状态如图4-138所示。

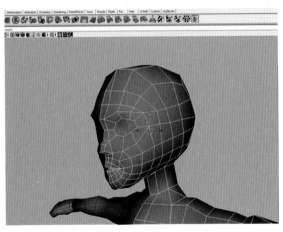

图4-138　当前模型状态

在脸部侧面切割线，切割出耳朵的大概位置，如图4-139所示。

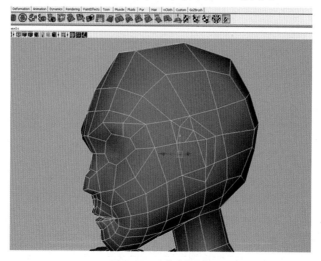

图4-139　切割耳朵

将切割出来的面进行挤出，制作耳朵轮廓，如图4-140和图4-141所示。

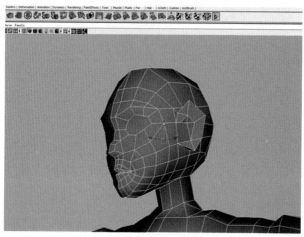

图4-140　挤出面制作耳朵轮廓

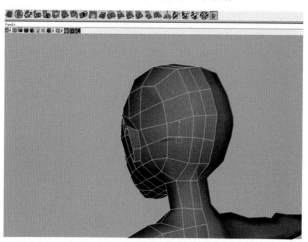

图4-141　调整耳部形态

（2）对眼睛的进一步加工。在角色眼睛部位插入一个面，调整眼睛轮廓，如图4-142所示。

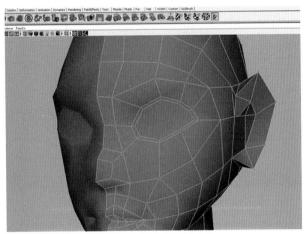

图4-142　调整眼睛轮廓

将眼睛部分中间的面删除，并创建一个球体作为眼球，如图4-143所示。

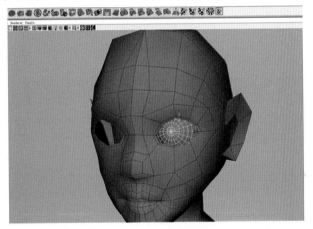

图4-143　创建眼球

沿着眼球调整眼皮轮廓，尽量紧贴眼球进行调整，如图4-144所示。

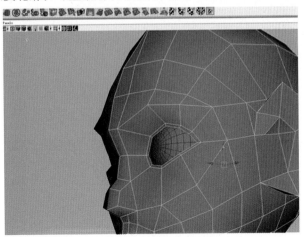

图4-144　调整眼球位置

在眼睛外圈插入一圈循环边，用于调整眼皮的形态，如图4-145所示。

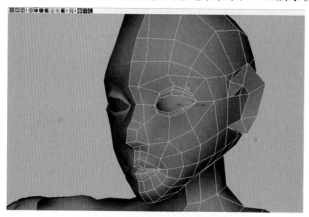

图4-145　调整眼皮形态

将眼皮下侧到鼻翼切割一条线，用于弥补鼻翼形态的不足，如图4-146所示。

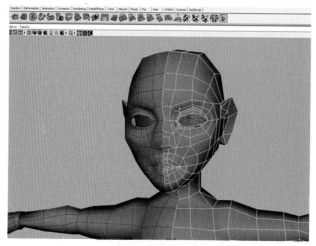

图4-146　切割鼻翼

4．制作角色毛发及衣物

（1）创建角色头发。依然采用利用立方体进行人物头发的创建，如图4-147所示。

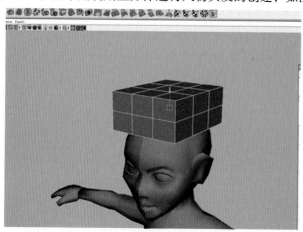

图4-147　创建Cube制作头发

调整立方体上的点，对头发进行拉伸、挤压，如图4-148所示。

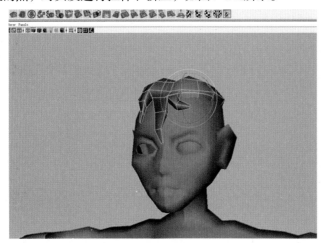

图4-148 调整头发形态

继续制作，后面长发也利用挤出命令进行制作，如图4-149和图4-150所示。

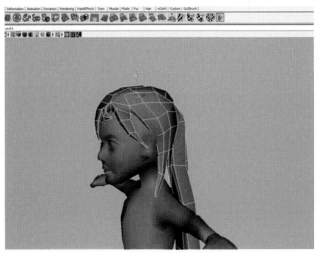

图4-149 挤出长发

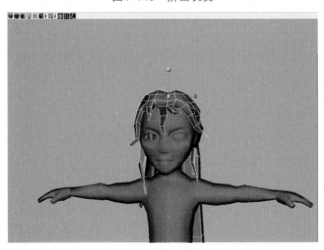

图4-150 继续调整

（2）制作角色眉毛。在眉弓处创建Cube，调整形态，如图4-151和图4-152所示。

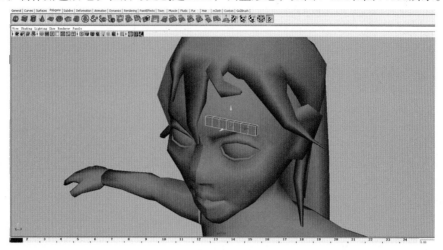

图4-151　创建Cube制作眉毛

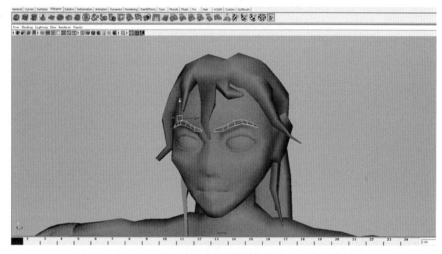

图4-152　调整眉毛形态

（3）制作人物衣服。创建一个Cube，沿着模型身体进行形态的调整，如图4-153～图4-155所示。

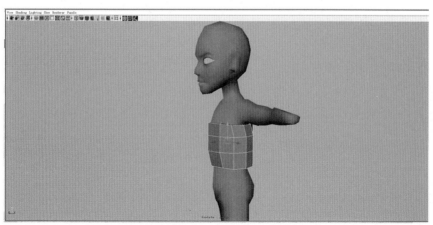

图4-153　创建Cube制作衣服

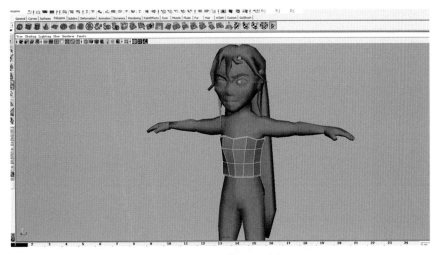

图4-154　调整衣服形态

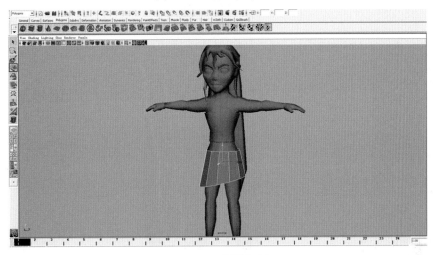

图4-155　制作裙子

角色的饰品可以依照个人喜好或者原画设计要求进行添加，例如耳环、项链等，如图4-156所示。

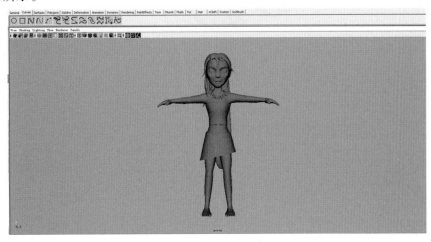

图4-156　其余饰品制作

最后完成效果如图4-157所示。

图4-157　最终效果

第5章

写实类模型高级建模技术

 内容介绍　本章通过两个项目案例深入介绍了利用多边形建模技术制作写实类人物、怪兽等生物体模型的方法。

 学习目标　能综合利用多边形建模的技巧,结合人体解剖结构,完成对写实类人体模型、怪兽模型的制作。

学习建议　（1）人体结构的了解程度,能很好地检验出人体模型制作能力水平的高低。想做到这点必须掌握基本的人体解剖知识,了解人体骨骼结构和肌肉组织结构。

（2）复杂的人体及类人体模型制作,需要遵循整体—局部—细节的制作规律,要避免一开始就陷入细节的过度刻画,而忽略整体的布局。也要避免后期大体皆有,却无点睛之处的状态。

（3）在写实类人体模型的制作中,布线的规律尤其重要,涉及动画绑定、调整时模型是否会穿帮。平时多观察、参考、模仿优秀作品的布线,对提高自己布线能力非常有效。

（4）人体头部模型中重要的是眼睛与嘴部的制作,它不仅仅关系到模型的制作美感,更重要的是后期动画调整时,眼部和嘴部都是动画调整的关键,所以眼轮匝肌和口轮匝肌的布线尤为重要。结合人体骨点位置和肌肉群组位置,细致调整模型点的位置,是初学者必须要掌握的制作技巧。

 建议学时　28 学时。

本节利用Polygon建模技术，完成写实类人物模型的建模工作。掌握人物模型面部、躯干的布线原理，完成写实类人物三维模型的制作。写实类人物建模有两点需要注意，其一是躯体肌肉结构和头部结构的造型要准确。其二是要依据肌肉走向和充分考虑未来动画制作的便利需要来进行布线。写实人物建模是Polygon实践工作中最常用的应用模式，也是检验模型师个人制作能力的有效途径，可以说只有掌握了人物建模的技巧，才能胜任动画建模师的工作。制作方法是从大到小，从整体到局部。

1. 制作基本人体

（1）首先制作出3个立方体，光滑处理后删去一半，调整为头部、躯干部、臀部的基本形态。删去头部下方、躯干上方的面，将头部模型挤出颈部。并根据人体的结构摆放3个立方体位置，如图5-1所示。

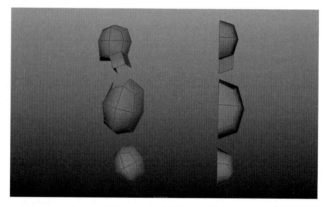

图5-1 调整基本形体

选中头部、躯干部、臀部模型，选择Mesh→Combine（网格→结合）命令将其结合在一起，并选中重复的点，选择Edit Mesh→Merge（编辑网格→焊接）命令，如图5-2所示。

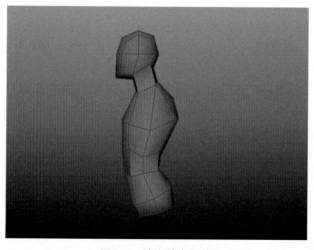

图5-2 结合基本形体

（2）选择模型臀部底端的面，多次选择Mesh→Extrude（网格→挤出）命令，创建出模型腿部的基本形态。并且根据模型的形态，在其他视图综合调整，如图5-3～图5-5所示。

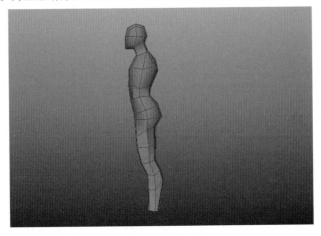

图5-3　制作腿部

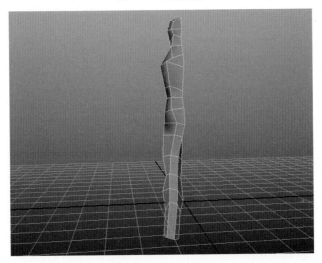

图5-4　制作后腿结构

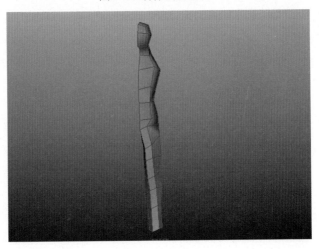

图5-5　调整腿部

（3）在模型肩部的位置选中面，执行Mesh→Extrude（网格→挤出）命令，挤出新的面用以创建出肩膀的基本形态，如图5-6所示。

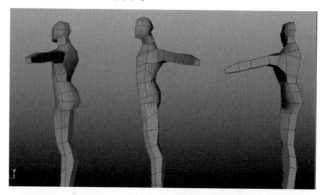

图5-6　创建胳膊

选择Edit Mesh→Insert Edge Loop Tool（编辑网格→插入循环边工具）命令，在模型的胸部位置单击，增加一条结构线。再选择Edit Mesh→Split Polygon Tool（编辑网格→分割多边形工具）命令，用鼠标在模型锁骨到肩部的位置添加一条结构线。进一步调整模型的形态，如图5-7和图5-8所示。

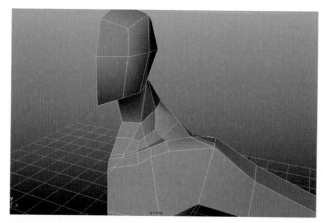

图5-7　增加结构线

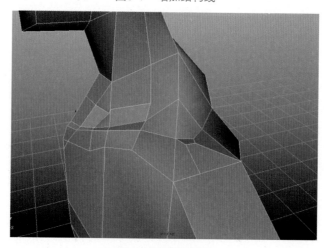

图5-8　调整结构线

（4）设置关联复制，选中模型，选择Edit→Duplicate Special（编辑→特殊复制）命令，在属性窗口中设置属性为Instance（关联），调整Scale X为-1，设置后单击确定，关联复制出人体的另外一侧，如图5-9所示。

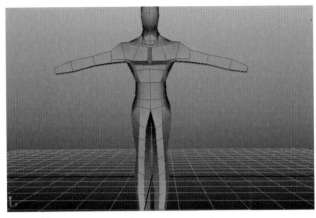

图5-9　关联复制

在模型腰部增加一条结构线，继续调整模型上的结构点，使其更符合人体规律，如图5-10和图5-11所示。

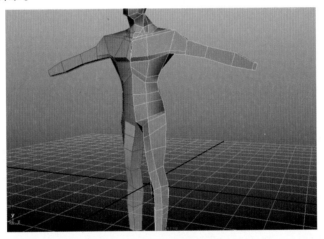

图5-10　增加腰部结构线

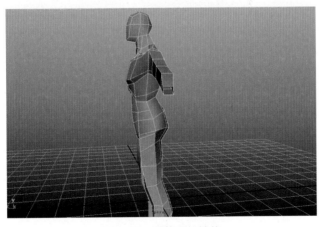

图5-11　调整腰部结构

（5）如图5-12和图5-13所示，继续在模型肩部增加结构线，调整模型肩膀的形态。每次添加结构线都要及时对形体进行调整，写实类人体为了体现男人的体态美，会着重刻画出肩部的粗壮，在调整模型时应注意这点。

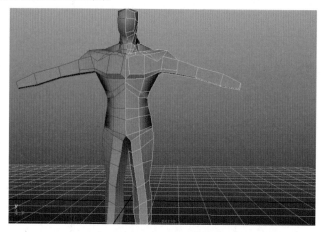

图5-12　增加肩膀结构线

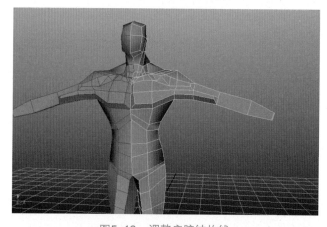

图5-13　调整肩膀结构线

增加胳膊处的结构线，结构线的调整应符合人体胳膊的骨骼和肌肉组织，要将男人胳膊强壮有力的感觉调整出来，如图5-14所示。

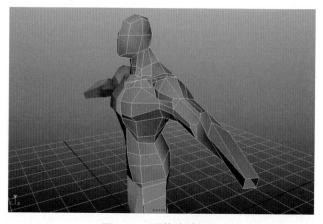

图5-14　调整胳膊结构

（6）调整人体腰部、背部的曲线，健美的男人身体呈倒三角形态，腰部较细，肩部、背阔厚实，如图5-15～图5-17所示。

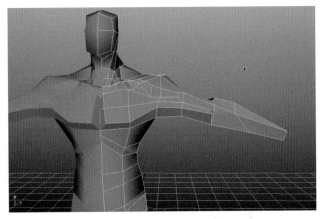

图5-15　调整腰部结构

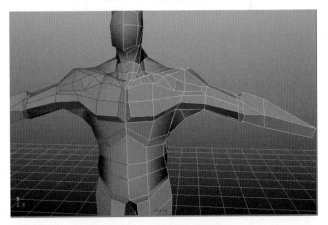

图5-16　调整肩膀结构

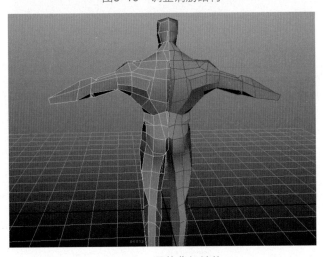

图5-17　调整背部结构

（7）在模型的颈部沿肩部至肘部增加结构线，着重刻画模型强健的肱二头肌。结构图如图5-18～图5-20所示。

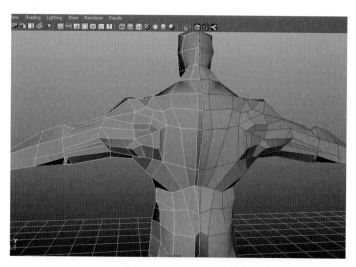

图5-18　增加肩部结构线1

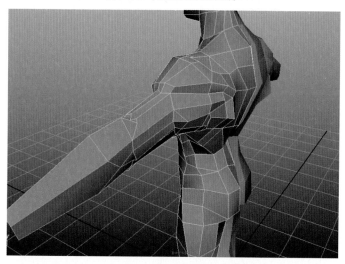

图5-19　增加肩部结构线2

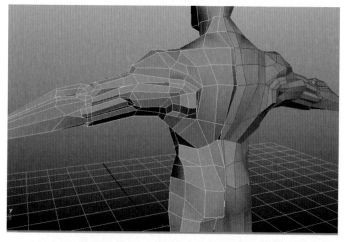

图5-20　增加肩部结构线3

　　光滑处理模型，观察寻找不足，在Polygon模型上不断修改、调整，如图5-21所示。

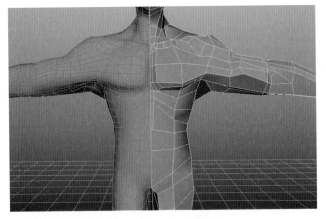

图5-21 光滑处理模型

2. 手部模型制作

（1）创建一个立方体，选择Mesh →Smooth（网格→圆滑）命令后，在各视图调整手掌的基本形状，如图5-22所示。

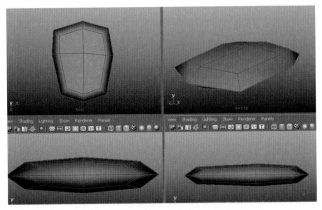

图5-22 制作手掌

在顶视图中，利用Insert Edge Loop Tool（插入循环边工具）为手掌均匀地插入2条循环边，调整模型如图5-23所示。

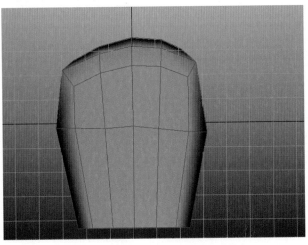

图5-23 插入循环边

将手掌一侧的面选中，选择Edit Mesh→Extrude（编辑网格→挤出）命令，挤压出大拇指的根部，并将最前段的面删除，如图5-24所示。

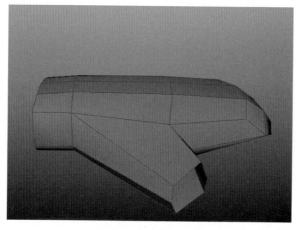

图5-24　挤出大拇指

（2）制作出手指的基本模型，选择指尖的面，挤压、调整出手指甲的形状，如图5-25所示。

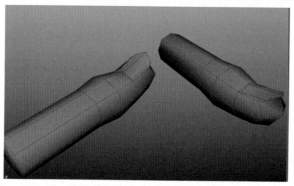

图5-25　制作手指

删掉手指的一半面，镜像复制出另一侧，光滑处理模型后观察手指的基本形态是否正确，利用Split Polygon Tool（分割多边形工具）给手指的关节处增加结构线，如图5-26和图5-27所示。

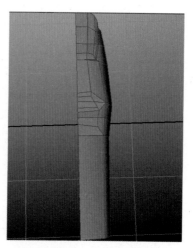

图5-26　镜像手指　　　　　　　　图5-27　增加结构线

镜像复制手指，选择Mesh →Combine(网格→合并)命令将其合并在一起，并选中重合的点选择Merge（焊接）命令，删除历史后复制出4个模型，如图5-28所示。

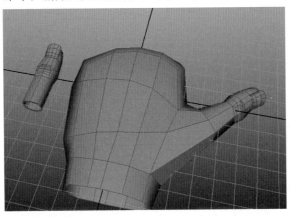

图5-28　焊接手指

（3）将手指放置在手掌对应的位置，执行模型的合并、焊接命令。再次利用Split Polygon Tool（分割多边形工具）为食指的关节增加结构线，如图5-29和图5-30所示。

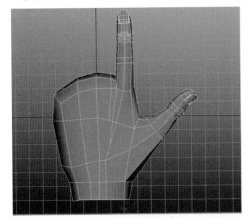

图5-29　焊接食指

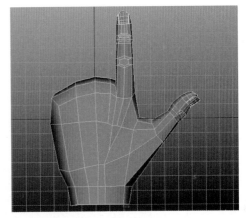

图5-30　增加关节结构线

继续用Split Polygon Tool（分割多边形工具）给手指与手背的连接处增加结构线，这些结构线是为了模拟手筋的形态，如图5-31所示。

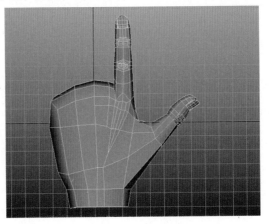

图5-31　连接结构线

运用同样的方法将其他手指与手掌相连，并刻画出结构线。删除历史记录后，保存为hand.mb格式，如图5-32和图5-33所示。

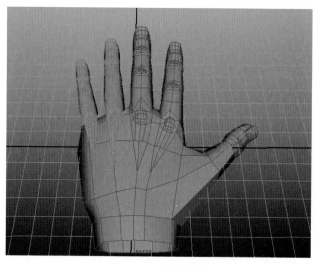

图5-32　焊接手指

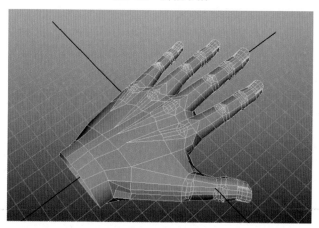

图5-33　增加结构线

（4）打开人物模型的文件，选择File→Import（文件→导入）命令，选择导入hand.mb文件。在场景中将人物模型的手臂与手模型合并、焊接。效果如图5-34所示。

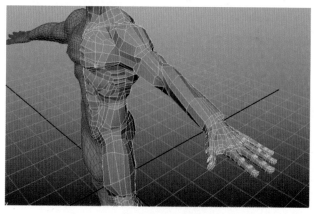

图5-34　合并、焊接模型

3. 脚部模型建模

（1）创建一个长方体，设置Subdivisions Width（宽度段数）为1，Subdivisions Height（高度段数）为3，Subdivisions Depth（深度段数）为3。利用Split Polygon Tool和Extrude命令为脚部添加结构线及调整形体，创建出脚部的基本形态，如图5-35所示。

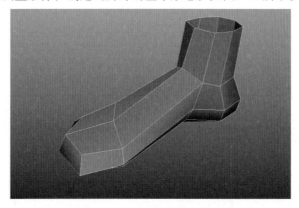

图5-35　创建脚部基本模型

用Split Polygon Tool命令给脚踝处增加结构线，调整脚部结构点。按照手指的制作方法，将脚趾创建出来，如图5-36和图5-37所示。

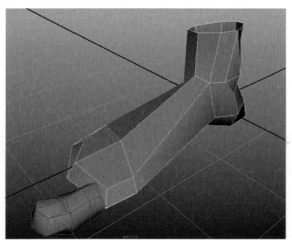

图5-36　创建脚趾模型

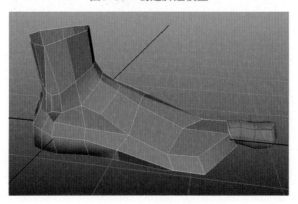

图5-37　调整脚趾模型

删除脚趾后侧、脚掌前侧的面。选中脚趾与脚掌，选择Combine（合并）命令，并将重合点焊接，如图5-38所示。

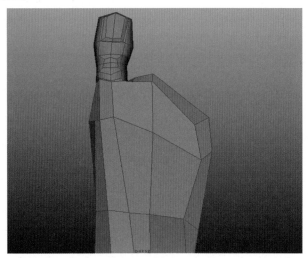

图5-38　模型焊接

（2）用Split Polygon Tool命令添加线，调整脚趾接口位置。将其他脚趾与脚掌合并及焊接，注意脚趾之间的位置、比例、方向。进入点编辑状态，逐个调整脚趾的细致形状，使每个脚趾都略有不同，完成后删除历史记录，如图5-39至图5-42所示。

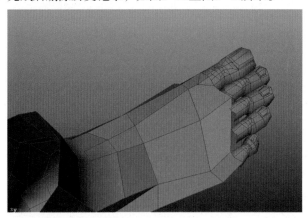

图5-39　调整脚趾形状1

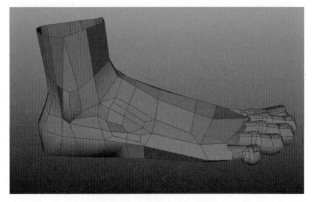

图5-40　调整脚趾形状2

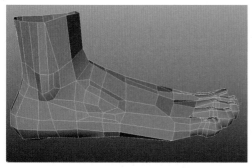

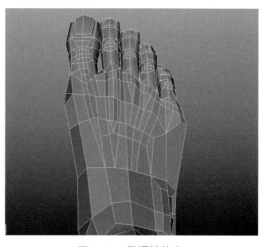

图5-41　焊接脚趾与脚掌　　　　　　　　　　图5-42　微调结构点

将脚的文件同样导入人体模型，与腿部进行合并及焊接，如图5-43所示。

图5-43　脚部与腿部焊接

　　人物的头部、五官在4.4节中已有比较详细的介绍，这里就不再过多注解。需要说明的是，无论是卡通人物模型还是写实类人物模型，对面部的基本比例原则是接近一致的，都遵循骨骼结构、肌肉组织走向以及三庭五眼等基本原则。只是相对而言，写实类人物模型要求结构更准确，制作更细致。

　　将所有模型合并及焊接完毕后，得到如图5-44和图5-45所示的效果。

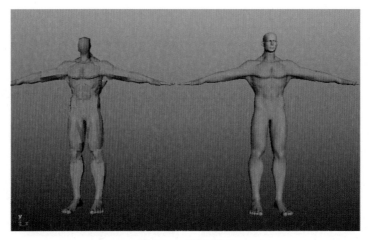

图5-44　焊接模型

图5-45　光滑处理模型

|5.2| 半兽人物建模

　　本节利用Polygon建模技术，完成半兽人物模型的建模工作。掌握半兽人物模型面部、躯干的布线原理，完成写实半兽人物三维模型的制作。半兽人物建模有两点需要注意：其一，需要了解动物和人物的肌肉特点及骨骼结构。其二，对二者结合的合理性，使得模型看起来奇特但不奇怪。半兽人物建模是Polygon实践工作中最常用应用模式，我们将用从整体到局部的方法来制作此模型。这是对创造性模型制作能力的一个有效检验。

1. 基本形状制作

（1）首先制作出一个立方体，然后选择Edit Mesh→Insert Edge Loop Tool（编辑网格→插入循环边工具）命令对立方体进行加线。并通过移动工具【W】调整点的位置，如图5-46所示。

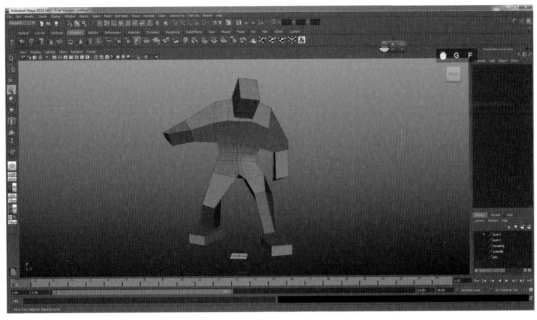

图5-46　制作半兽人基本形

（2）选中头部，通过快捷键【Ctrl+H】对头部进行隐藏。通过调整点和线的位置，调整出胳膊以及头部衔接位置大体形状，如图5-47所示。

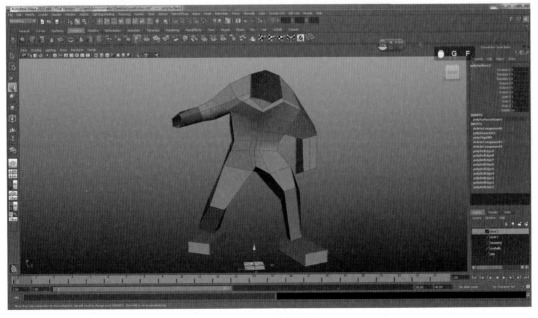

图5-47　制作胳膊

继续调整细节，如图5-48所示。

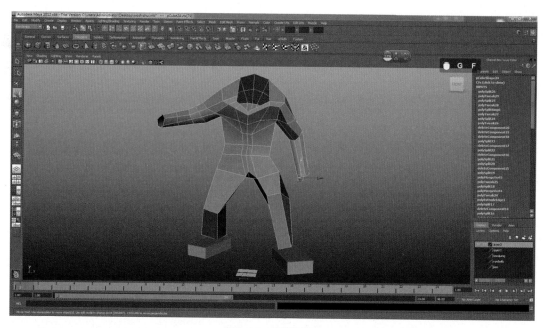

图5-48　调整模型

　　调整背部结构，如图5-49所示。注意此处布线不要过多。用最简洁的线，做出大体形状，这样方便后面的调整。

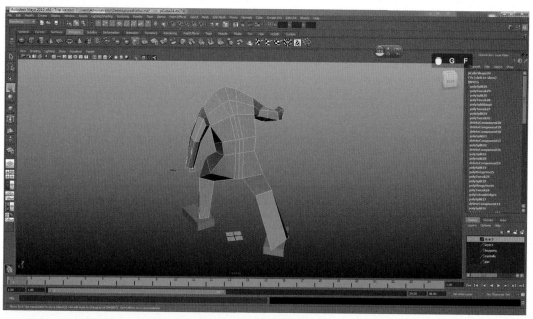

图5-49　增加背部结构线

　　（3）继续调整大体形状，主要对腰部进行调整，如图5-50所示。

Maya三维建模教程

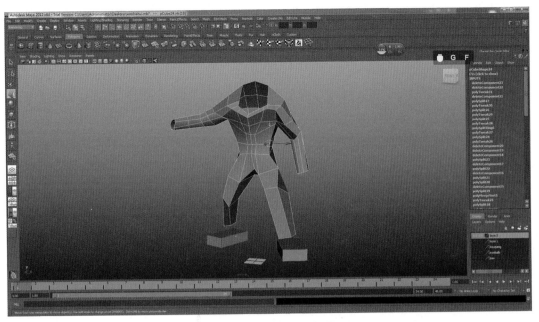

图5-50　调整腰部结构线

（4）制作半兽人前胸部分。首先调整手臂的布线走向。按照人体的肌肉走向来布线。在面模式下，选中前胸部分的面，选择Edit Mesh→Extrude（编辑多边形→挤出）命令挤出前胸部分结构。继续通过调整点、线、面的方法，调整半兽人整体结构。修改之前不满意的地方的布线，如图5-51所示。

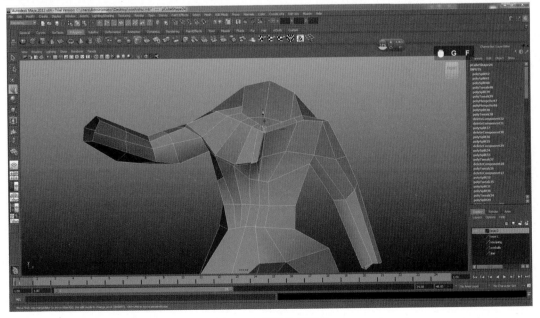

图5-51　调整胸部结构

同样的方法做出右半部分前胸的结构，如图5-52所示。

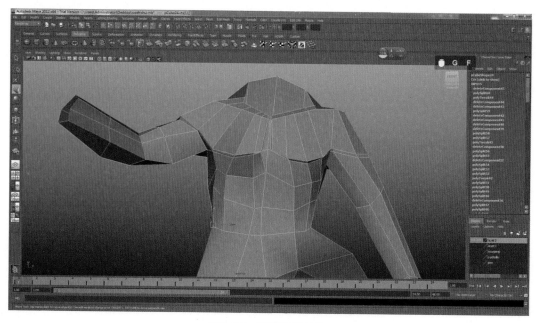

图5-52　调整胸部结构

参考人体结构，通过Edit mesh→Interactive split tool（编辑多边形→交互式切割）工具增加手臂和胸部的结构线，并调整线的空间位置，如图5-53所示。

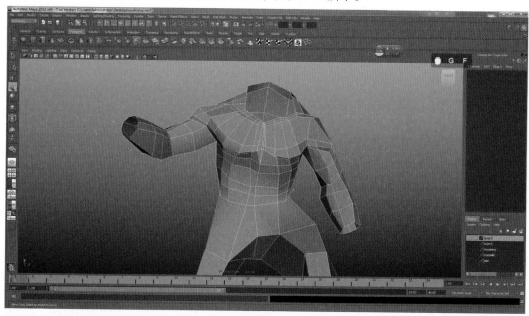

图5-53　调整胸部、手臂结构

2. 制作半兽人头部

（1）首先对立方体通过之前讲解的加线方法进行加线，然后删除右侧部分。选择Edit→Duplicate Special（编辑→特殊复制）命令对左侧部分进行关联复制。这里面我们选择复制方式为 Instance（关联模式）然后再Scale（缩放）栏里，第一栏数值X轴改为-1，如图5-54所示。

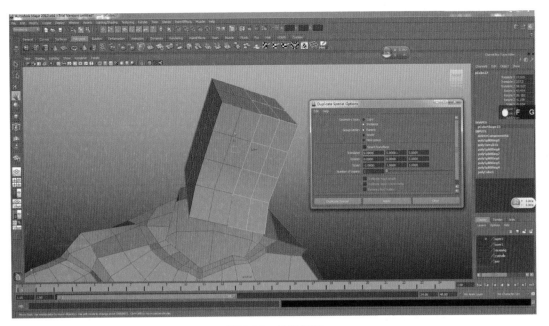

图5-54 关联复制

调整头部大体形状，如图5-55所示。

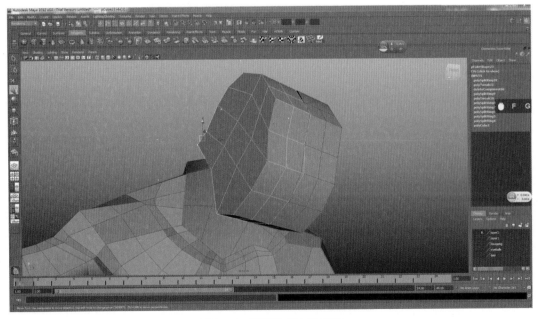

图5-55 调整头部大体形状

继续调整头部轮廓结构，如图5-56所示。

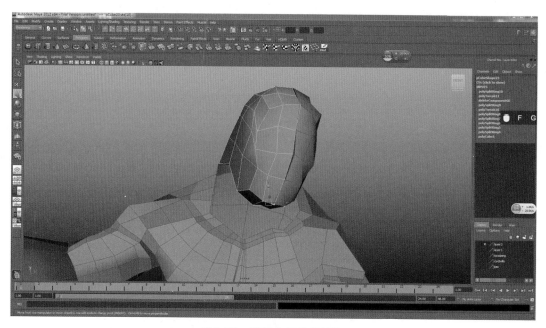

图5-56　调整头部轮廓结构

（2）调整鼻子结构线，调整结构线的空间位置，如图5-57所示。

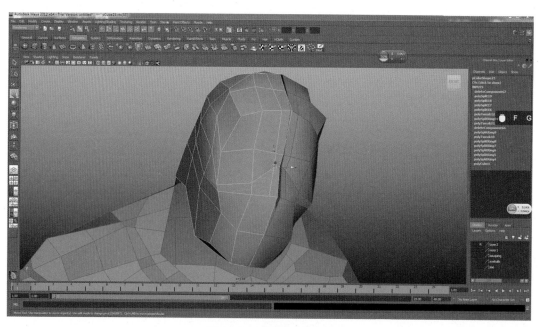

图5-57　调整鼻子布线

选择眼睛部分的面，对其进行复制缩放，如图5-58所示。

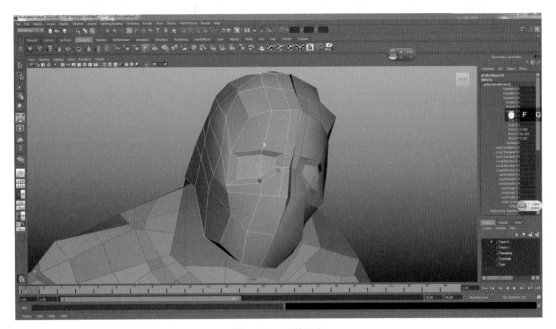

图5-58　调整眼部

删除缩放后的面，并画出嘴部的结构线，并删除嘴部面的结构，如图5-59所示。

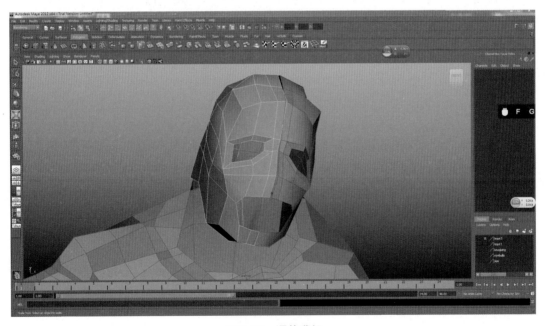

图5-59　调整嘴部

继续调整侧面结构，如图5-60所示。

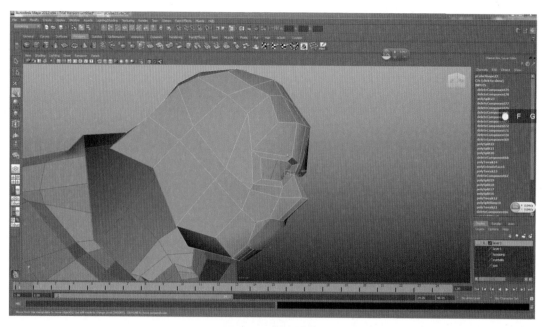

图5-60 侧面调整

（3）细化鼻子结构。对基本调整好的模型开始进行细节刻画，首先对鼻子部分进行加线，调整效果如图5-61所示。

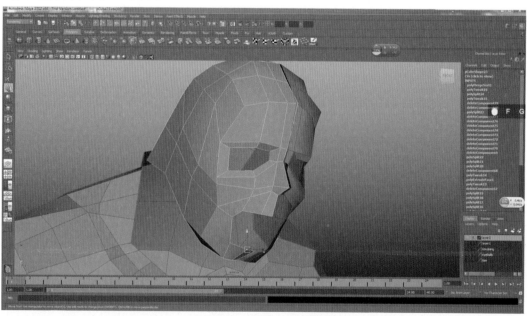

图5-61 增加鼻子结构线

细化鼻子和颧骨位置的结构，如图5-62～图5-64所示。

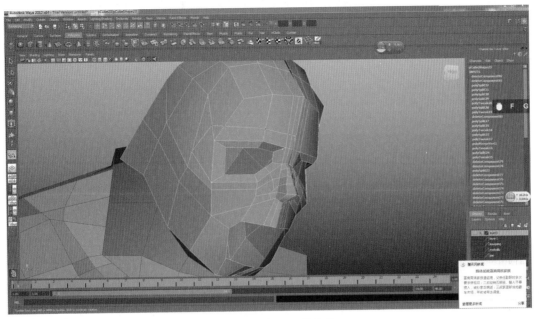

图5-62　添加眉弓结构线

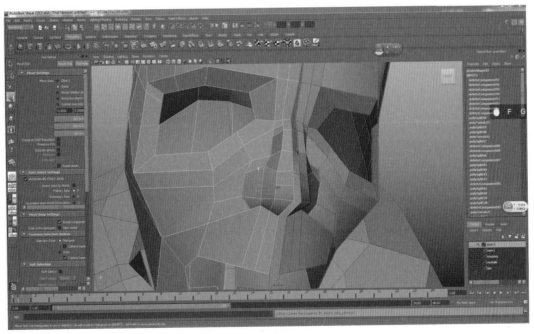

图5-63　添加鼻翼结构线

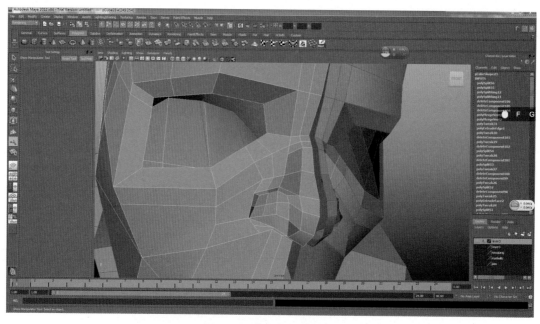

图5-64　鼻子与眼睛结构

　　继续加线做出鼻翼部分的结构，如图5-65所示。

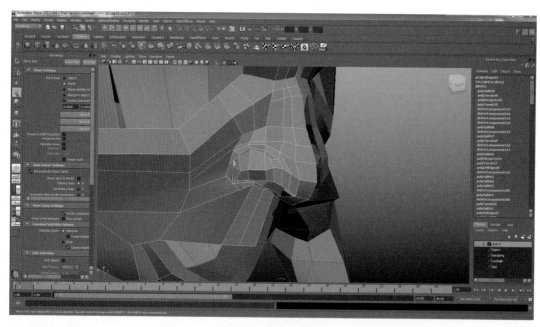

图5-65　调整鼻翼

　　通过选择复制边，复制出鼻底的结构，如图5-66所示。

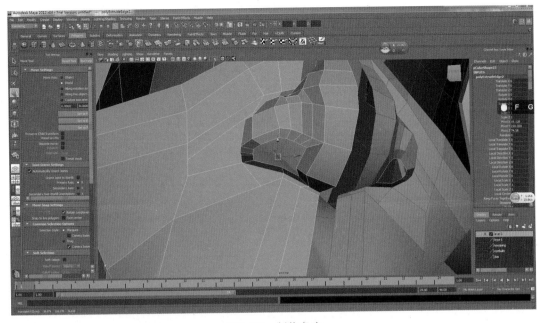

图5-66　制作鼻底

　　继续调整鼻子细节，增加结构线，参考鼻子真实结构进行调整。过程及效果如图5-67～图5-74
所示。

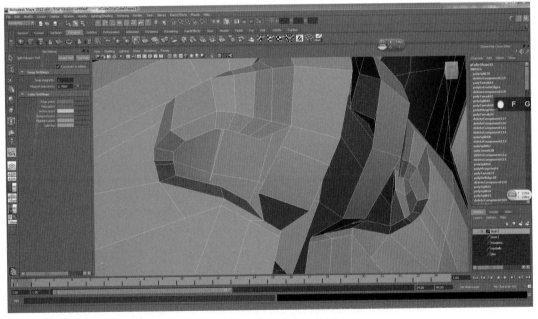

图5-67　增加鼻底结构线

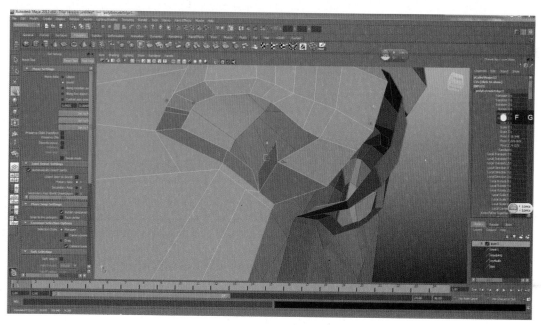

图5-68　调整鼻底结构1

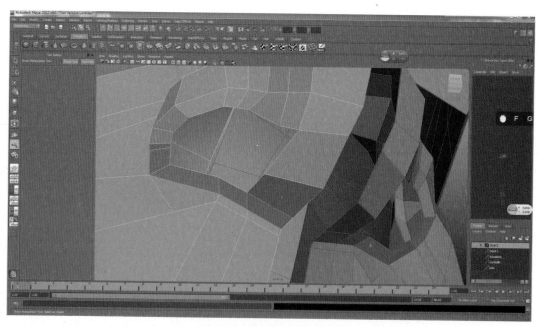

图5-69　调整鼻底结构2

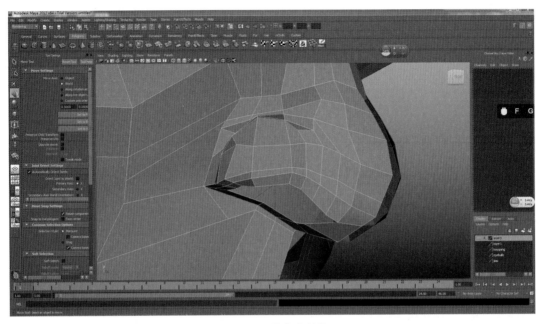

图5-70　调整鼻底结构3

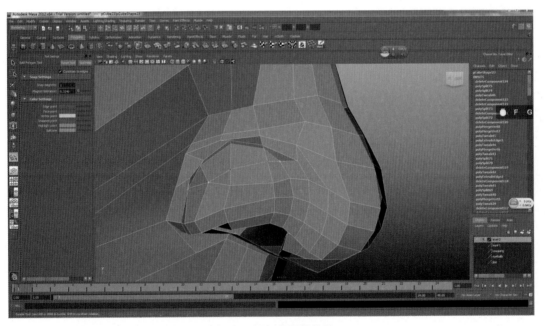

图5-71　添加鼻翼结构线1

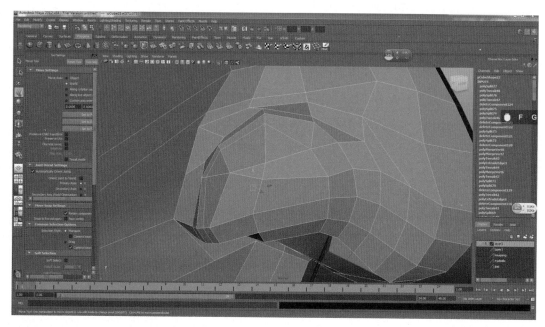

图5-72　添加鼻翼结构线2

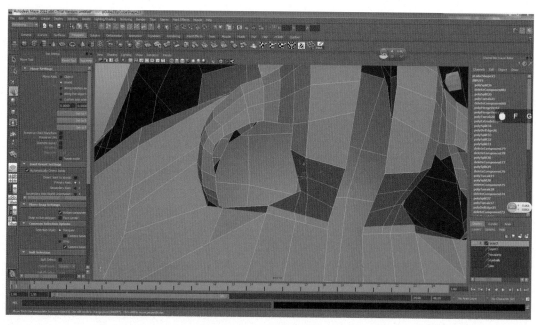

图5-73　调整结构线

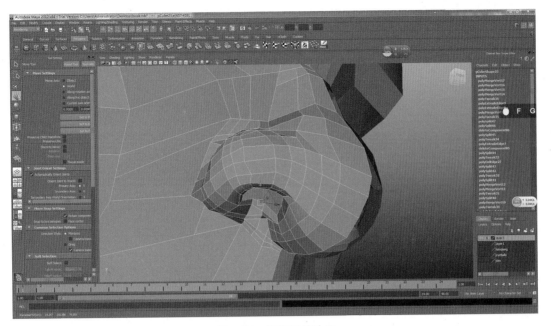

图5-74　鼻子最终效果

（4）眼睛、嘴部细节刻画。

① 制作眼睛部分最重要的就是眼睛的布线，如果布线有问题，后期在制作眼睛动画时，会出现眼睛闭不上，肌肉乱动等问题。正确的布线方法是眼睛两侧最少三条线。调整眼睛部分结构线，如图5-75和图5-76所示。

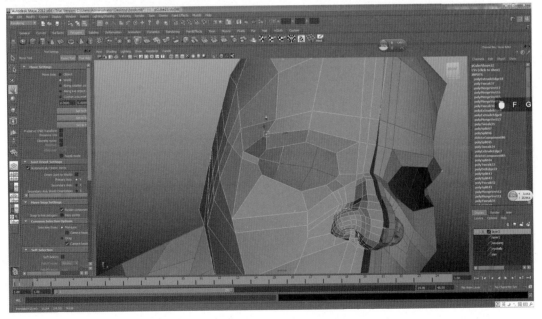

图5-75　调整眼睛结构线

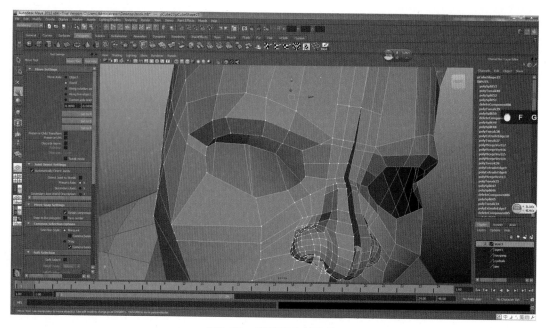

图5-76　调整眼睛结构线

复制并缩放眼睛内部的线，如图5-77所示。

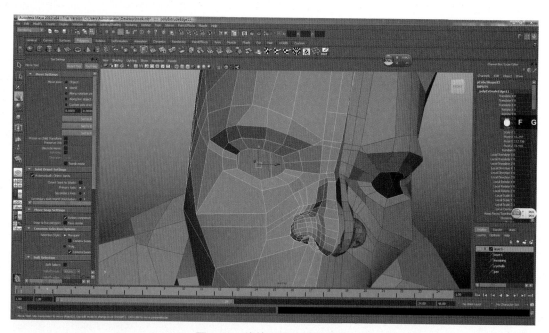

图5-77　缩放眼睛内部结构线

② 在嘴部周围加线，并调整线的位置，如图5-78和图5-79所示。

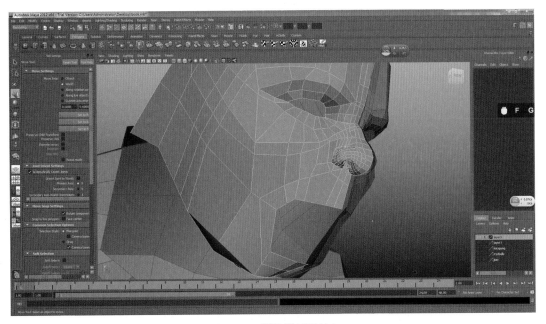

图5-78　调整嘴部结构1

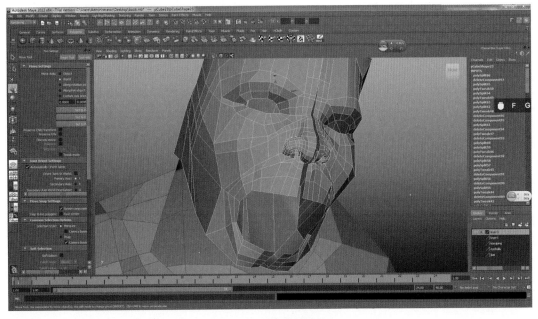

图5-79　调整嘴部结构2

③ 留出耳朵位置，并调整侧面结构线的位置，如图5-80所示。

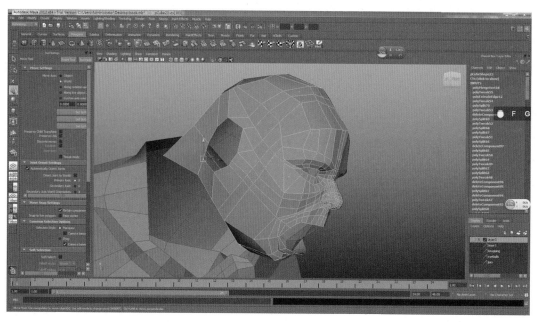

图5-80　调整侧面结构

④ 细化眉弓部位结构，调整点的位置，如图5-81和图5-82所示。

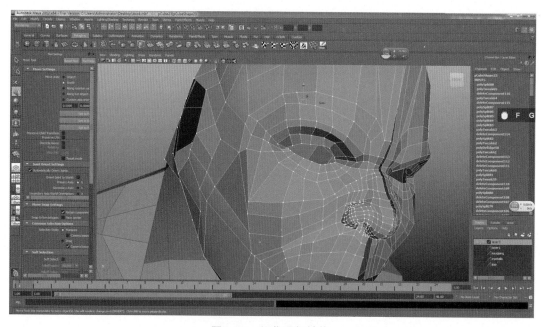

图5-81　细化眼部结构

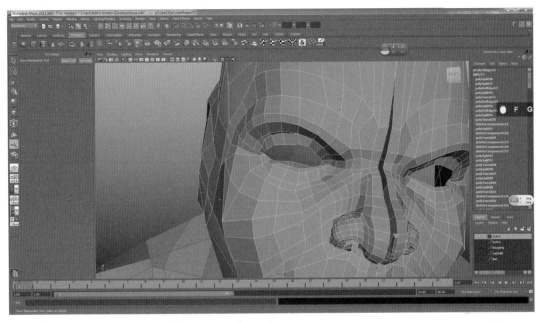

图5-82　细化眉弓结构

⑤ 调整眼皮的结构和嘴唇的结构，如图5-83～图5-85所示。

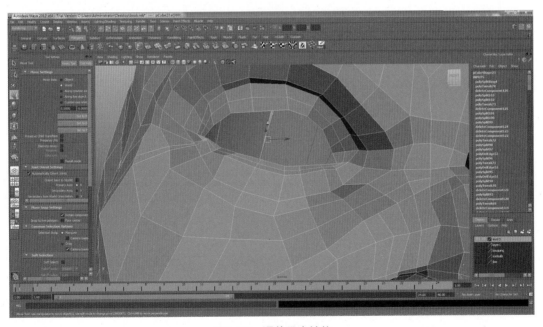

图5-83　调整眼皮结构

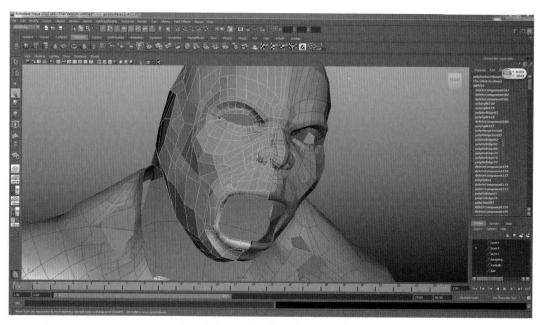

图5-84 调整嘴唇结构1

图5-85 调整嘴唇结构2

⑥ 复制挤出脖子下端的线，我们把脖子和身体进行连接，继续调整脖子的结构，如图5-86 ～ 图5-88所示。

Maya三维建模教程

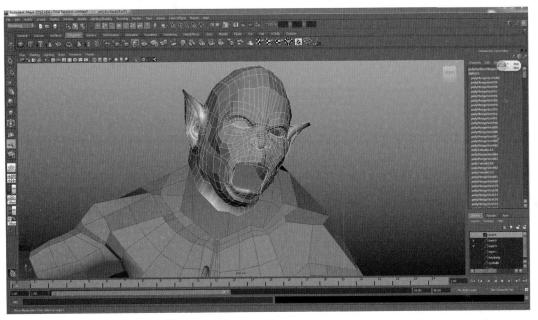

图5-86 挤出脖子

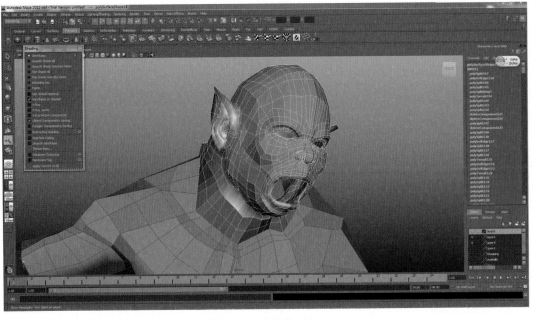

图5-87 调整脖子结构

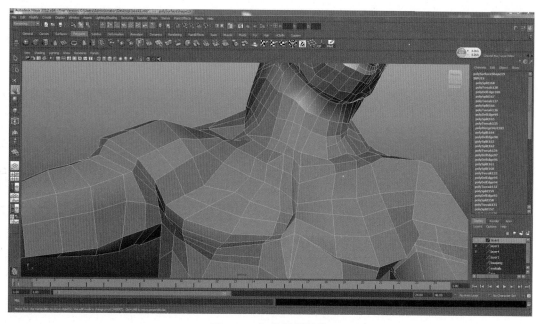

图5-88　细化脖子结构

3. 制作半兽人耳朵

（1）创建面片，并调整面片的长度、宽度、高度，如图 5-89所示。

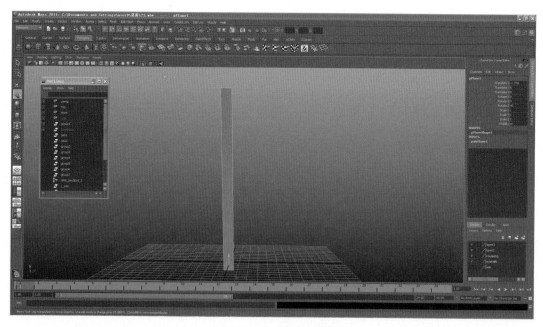

图5-89　耳朵结构组建

（2）在面片中横向添加6条线段、竖向添加1条线段，调整形状，如图5-90所示。

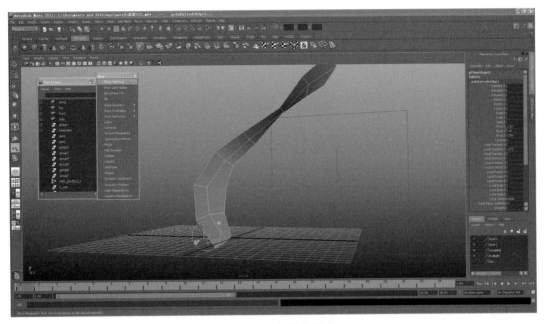

图5-90　耳轮结构制作

（3）选择并挤出耳轮左右两侧边缘线，调整线的位置，如图5-91所示。

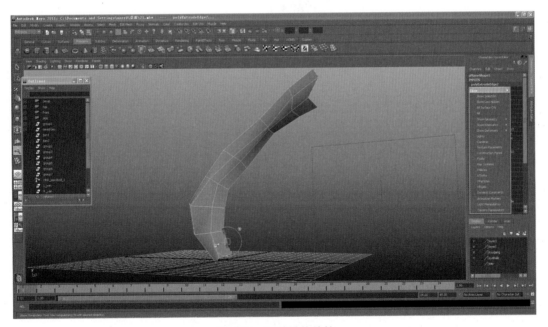

图5-91　耳轮结构外扩

（4）复制顶部边缘线并挤出5段。同时调整点和线的位置，如图5-92所示。

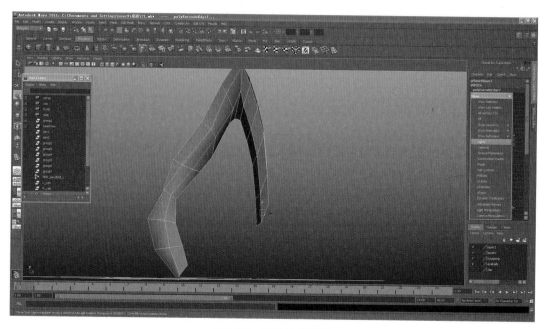

图5-92　耳轮结构造型

（5）继续挤出6段边缘线，调整形状，如图5-93所示。

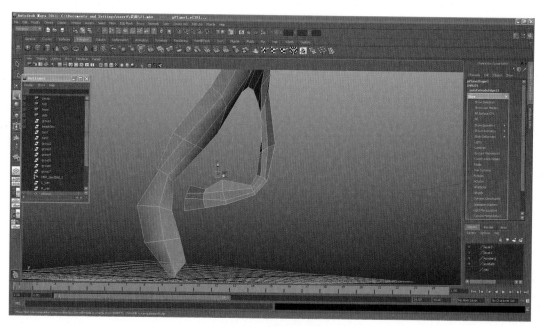

图5-93　制作耳轮角

（6）复制并挤出耳轮内侧线，调整点和线的位置，如图5-94所示。

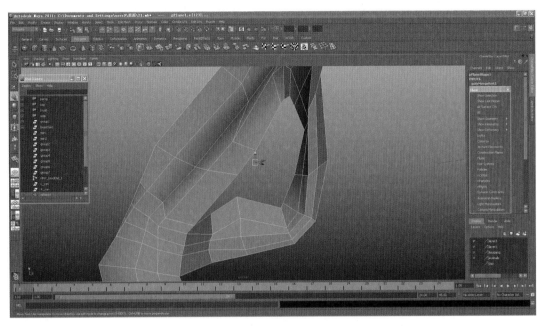

图5-94 耳甲结构制作

（7）继续复制内侧边缘线，如图5-95所示。

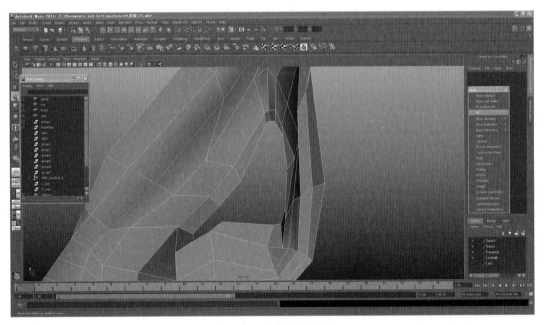

图 5-95 耳甲内侧制作

（8）选择Edit mesh→Append to Polygon Tool命令，合并内侧空面，如图5-96所示。

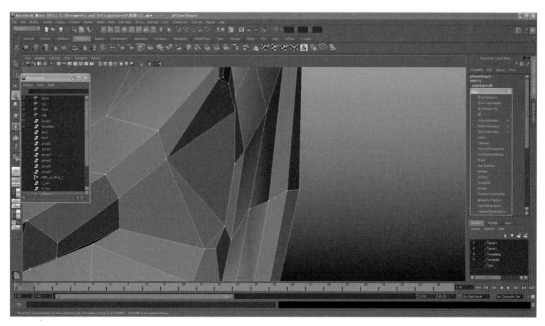

图5-96　合并内侧耳甲

（9）整理耳部内侧布线结构及调整耳朵形状，如图5-97所示。

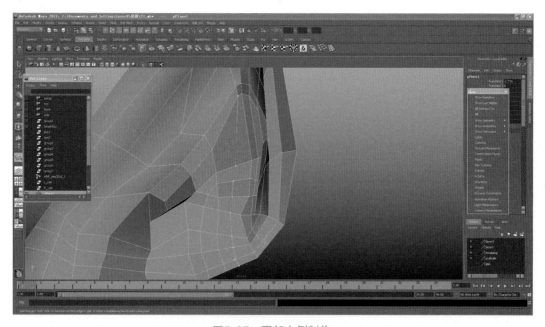

图5-97　耳部内侧制作

（10）复制耳部下端右侧2条线，并对其挤出、加线，如图5-98所示。

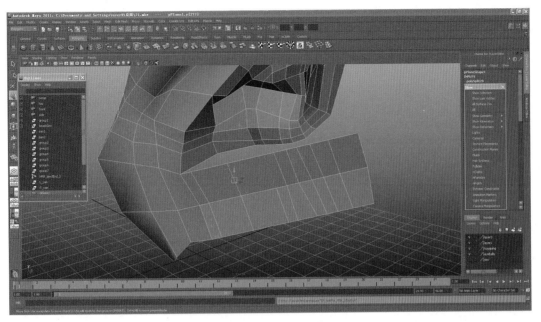

图5-98　下部耳轮制作1

（11）合并中间缝隙上面的点。对缺线部分进行加线处理，如图5-99所示。

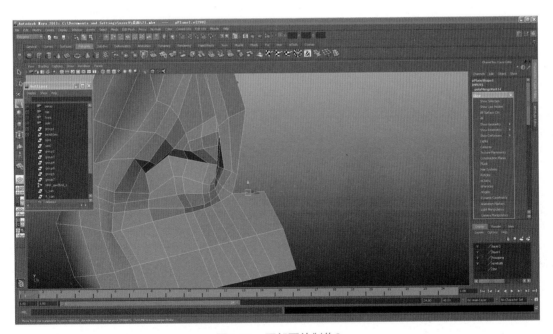

图5-99　下部耳轮制作2

（12）加线并调整耳部结构，如图5-100所示。

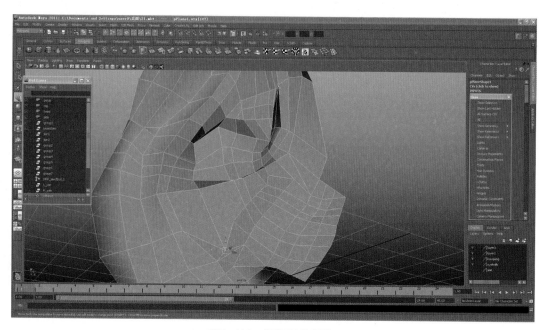

图5-100　耳部结构制作

（13）加线制作出耳窝的结构，调整如图5-101所示。

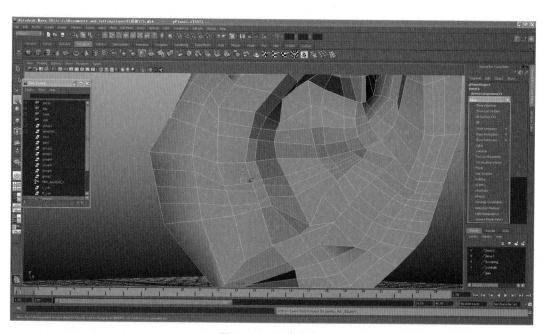

图5-101　耳窝制作

（14）继续加线调整结构，如图5-102所示。

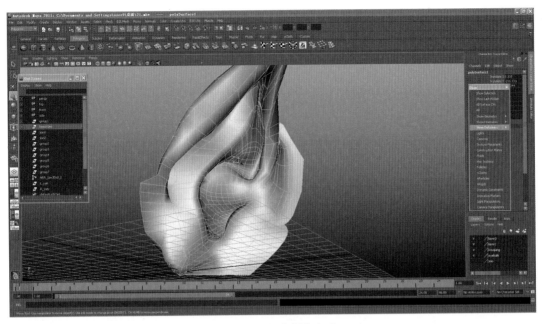

图5-102 耳朵制作完成

4. 调整腿部结构

增加腿部的结构线，如图5-103所示。

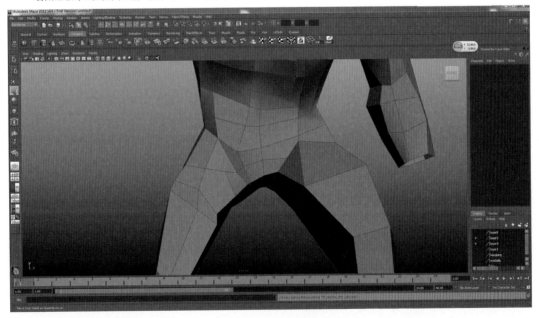

图5-103 调整腿部结构

制作大腿部分结构，需注意参考人体的肌肉结构。细化腿部结构，刻画出腿部肌肉，调整过程如图5-104～图5-108所示。

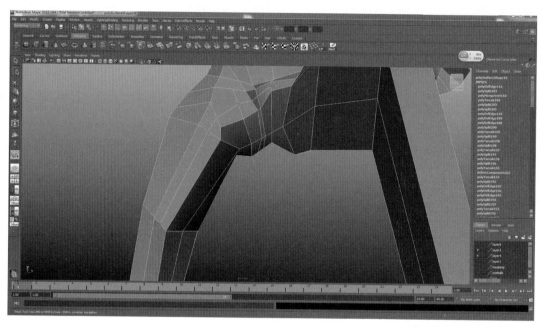

图5-104　增加腿部结构线

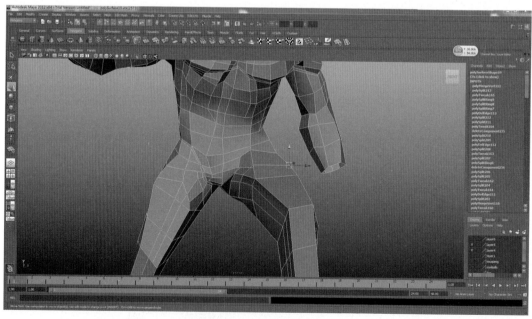

图5-105　调整腿部外部轮廓

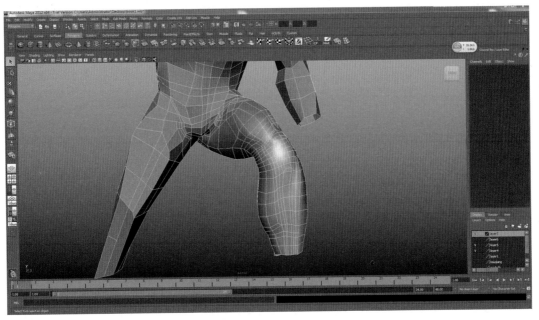

图5-106　细化腿部结构

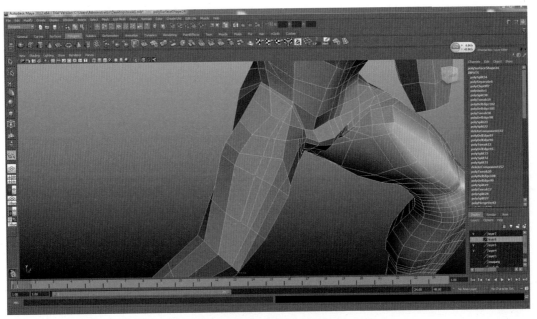

图5-107　继续增加腿部结构

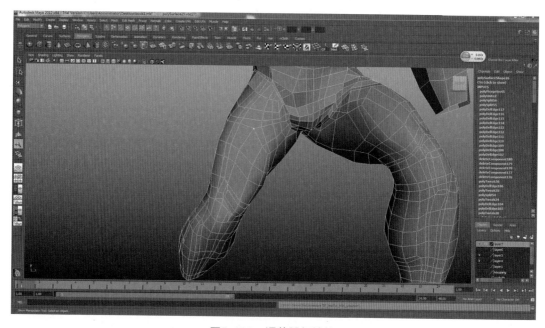

图5-108　调整腿部结构

　　这里我们不再重复讲解手和脚的制作。将已经做好的手和脚进行合并及焊接，最终效果如图5-109所示。

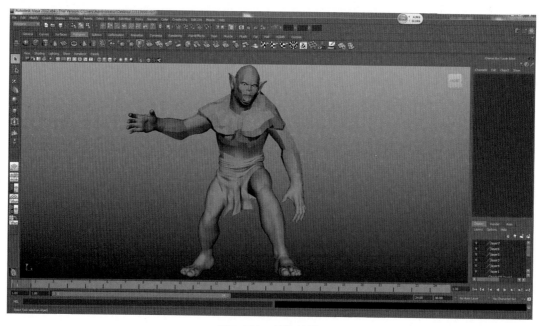

图5-109　最终效果

 拓展知识

问题1：为什么在制作人物模型的时候，头总是调整不准确？

答：针对头部而言，对外形起决定作用的是头骨，从外形看，它分为脑颅和面部两部分。脑颅部分的骨骼决定头顶的长短，面部的骨骼决定脸面的宽窄。在建模时，要充分考虑头骨的支撑作用，尤其在外形上直接显于皮下的部分（骨点），要给予充分重视。即使是卡通形象，也要依据头骨的基本结构进行夸张变形。

不单单是头部，对于角色模型其他部位来说，初学者由于对人体结构不熟悉，势必会出现模型调整不准确的现象，若想从根本上解决这一类问题，只有对人体解剖、人体骨骼做系统掌握后，增大练习强度，才能制作出符合标准的人物角色模型。

问题2：为什么制作的小孩模型看起来总是怪怪的，看起来好像成人面部一样。

答：儿童头部的五官位置和成年人有所区别，两眼间距较长，大约为1.5眼长，成人为1眼长。儿童鼻梁低，鼻部短小。嘴唇上翘、额部饱满、脑部大而颈部较细。整个面部圆润，没有明显的棱角。只有把握了儿童的典型面部特征，在此基础上予以夸张处理才能得到可爱的宝贝形象。